Dieses Arbeitsheft gehört: ______________________________

1 Terme

2 Lineare Gleichungen und Ungleichungen

3 Relationen und Funktionen

4 Daten und Zufall

5 Dreiecke und Vierecke

6 Bruchterme und Bruchgleichungen

7 Grundlagen der Raumgeometrie

W0292537

Terme finden und vereinfachen

1 Ordne die Terme den Beschreibungen richtig zu.

Das 4-Fache von a, vermindert um 3	Das 4-Fache der Differenz von a und 3	Der 4. Teil der Differenz a minus 3	Die 4. Potenz der Differenz a – 3
$\frac{1}{4} \cdot (a - 3)$	$4a - 3$	$(a - 3)^4$	$4 \cdot (a - 3)$

2 ①

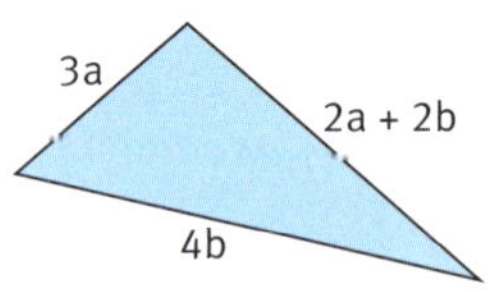

②

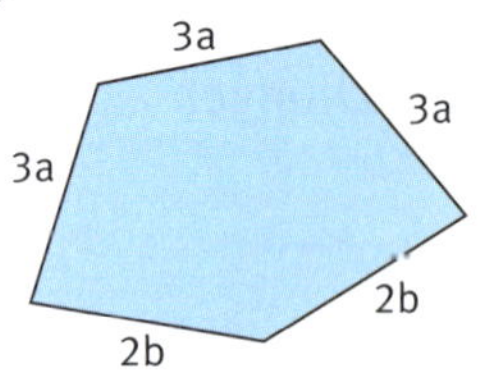

③

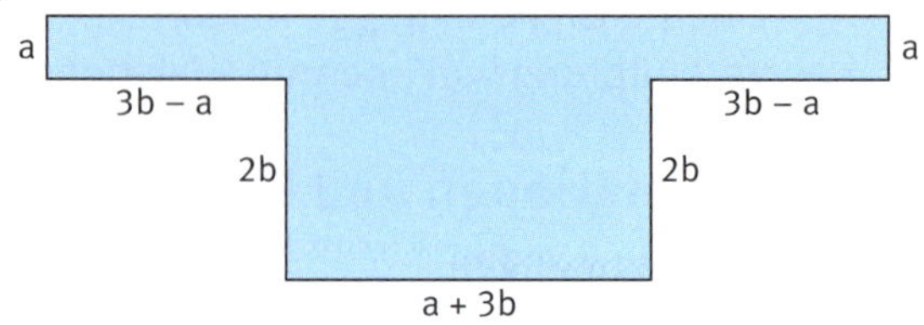

a) Stelle für die Berechnung des Umfangs einen Term auf und vereinfache ihn so weit wie möglich.

① u = ______________ ② u = ______________ ③ u = ______________

b) Berechne die Umfangslänge für a = 3,5 cm und b = 5,5 cm.

① u = ______________ ② u = ______________ ③ u = ______________

3 **a)** Skizziere die fehlenden Muster in der Reihe.

1 2 3 4 5

b) Beschreibe in Worten, wie sich die Anzahl der Quadrate mit jedem Schritt ändert.

c) Gib einen Term an, der die Anzahl der Quadrate beim n-ten Schritt angibt.
Findest du verschiedene Möglichkeiten?

Anzahl (n) =

d) Die Seitenlänge eines Teilquadrats beträgt 2 mm. Wie groß ist der von allen Quadraten bedeckte Flächeninhalt A (n) bei jedem Schritt?

n	1	2	3	4	5
A (n) in mm^2					

e) Gib einen Term an, mit dem man den Flächeninhalt A (n) vom n-ten Schritt bestimmen kann.

1 Vereinfache im Kopf und kreuze die richtige Lösung an.

a) $-x - y - (-x) + y$
◯ $-2x$ ◯ 0 ◯ $2x - 2y$

b) $-(a + 2b) - (2b - a)$
◯ $-4b$ ◯ $-2a - 4b$ ◯ $2a$

c) $x + y - (x - y) - (-x) + 2y$
◯ $2x + 2y$ ◯ $-x + 4y$ ◯ $x + 4y$

2 Vereinfache die Terme und berechne die fehlenden Werte.

a)

u	v	$2u - (3 - v)$	=
1	3		
10	2		
−4	5		
15		28	
	−13	−28	

b)

x	y	$(x + y) - (x - y)$	=
2	−1		
6	3		
−2	0,5		
5		−8	
−11		0	

3 Vereinfache den Term so weit wie möglich.

a) $14a - 12b - 33a^2 - (8a^2 - 9a) =$

b) $\left(c - \frac{1}{3}b - \frac{2}{5}a\right) + \left(\frac{1}{2}b + \frac{13}{5}a - 0{,}1c\right) =$

c) $\left(1 - \frac{2}{9}z + \frac{2}{3}z\right) - \left(\frac{1}{3}y - \frac{1}{3}z + 16x\right) =$

d) $-\left(\frac{1}{4}x + \frac{2}{3}y\right) + \left(-\frac{2}{5}x + \frac{1}{6}y\right) =$

4 Ergänze die fehlenden Werte so, dass äquivalente Terme entstehen.

a) $\square\, x + 2y - 3x = 5x + 2y$

b) $-2{,}5a + \square\, b - 3{,}4a + b = \square\, a - 2b$

c) $\square\, u - \square\, v + \frac{1}{3}u = \frac{1}{9}u - 2{,}5v + \frac{1}{2}v$

d) $3{,}4k - 2{,}3l + \square\, k + 0{,}05l = 1{,}2k + \square\, l$

e) $2{,}2r - \square\, s + \square\, r + \frac{1}{5}s = \frac{7}{10}r - \frac{7}{10}s$

f) $\square\, w - \frac{1}{20}u - \square\, u - \frac{7}{9}w = \frac{1}{18}w$

5 Gib einen Term für die Länge l aller Kanten des Körpers an und vereinfache ihn so weit wie möglich.

a)
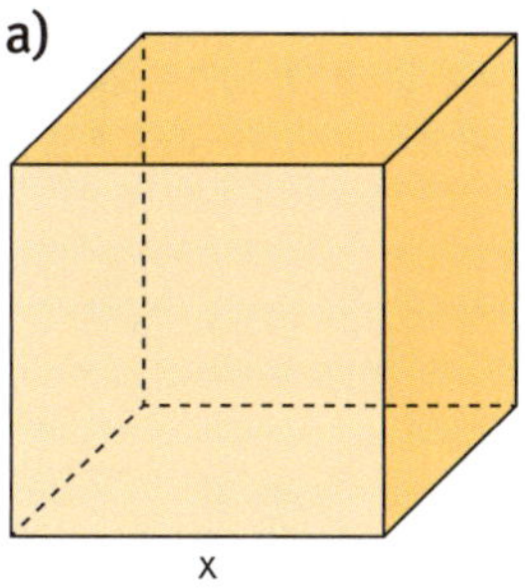

b)
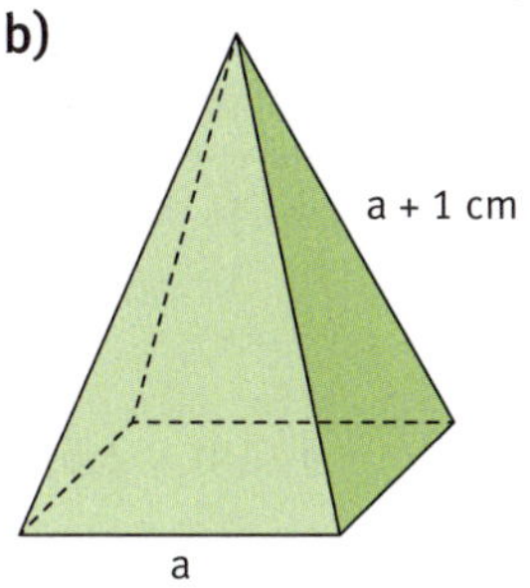

c)
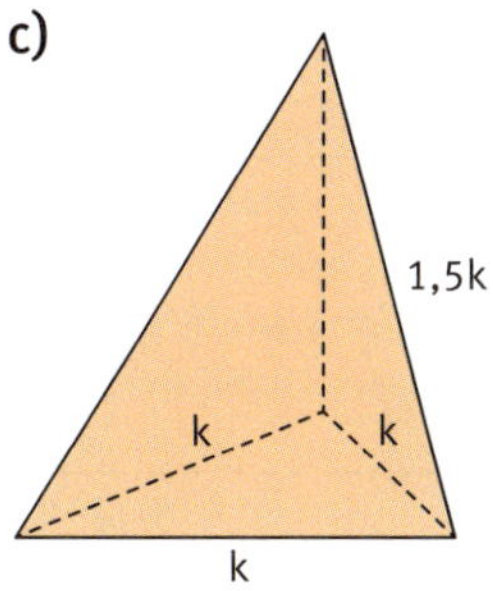

d)
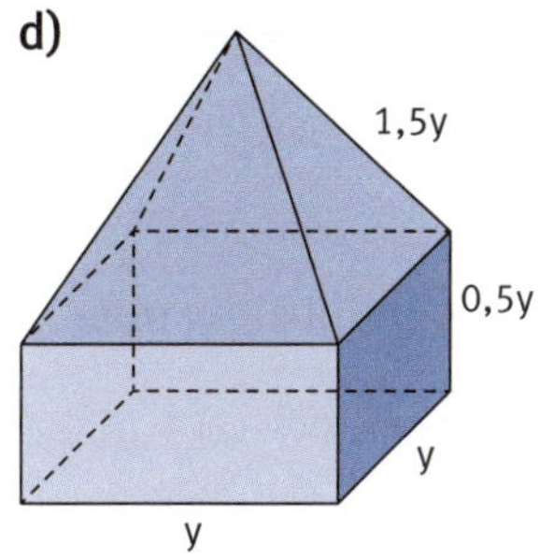

Terme multiplizieren und faktorisieren

1 Berechne die Termwerte.

x	y	z	a) $x \cdot (y - z)$	b) $x \cdot y - z$	c) $x \cdot y - x \cdot z$
2	3	−1			
5	−3	0			
−2,5	−0,5	3			
0	$\frac{4}{5}$	6,8			
12,4	7,3	−3,7			
$-\frac{1}{3}$	$\frac{2}{5}$	$\frac{1}{10}$			

Was fällt dir auf? ______________________________

____

2 **a)** Beschreibe jeweils den Flächeninhalt der Figur auf zwei Arten.

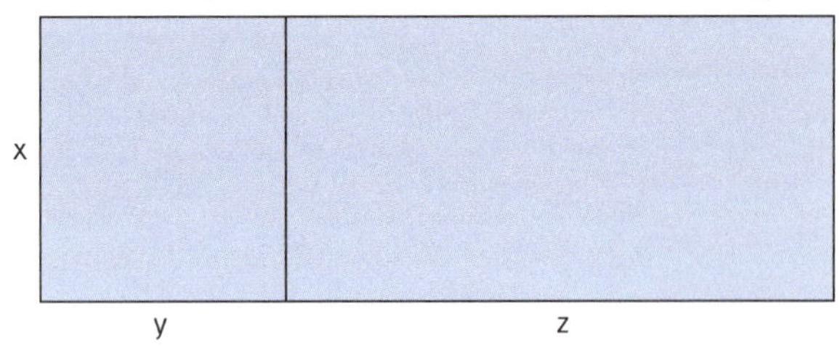

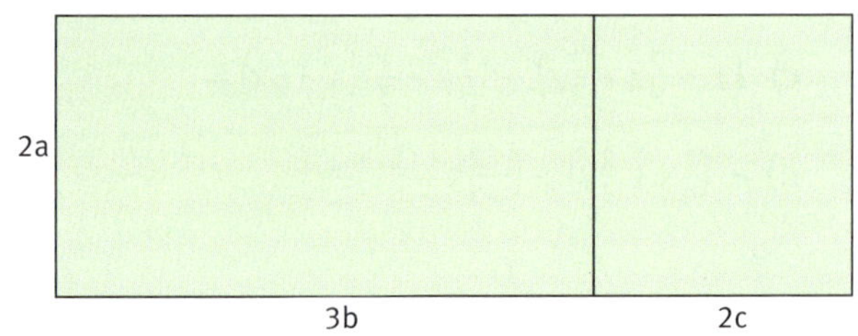

(1) als Produkt der Seitenlängen des großen Rechtecks:

______________________________ ______________________________

(2) als Summe der beiden Teilflächen:

______________________________ ______________________________

b) Zeige die Äquivalenz der Terme aus (1) und (2):

______________________________ ______________________________

______________________________ ______________________________

3 Multipliziere aus.

a) $4 \cdot (x - 2) =$ ______________________________

b) $-3 \cdot (m + 2{,}5) =$ ______________________________

c) $(7y - 4) \cdot 6{,}5 =$ ______________________________

d) $(2u - 4) \cdot (-4) =$ ______________________________

e) $(-1{,}5 - 2c) \cdot (-8) =$ ______________________________

f) $0{,}8 \cdot (-4z + 3) =$ ______________________________

g) $\left(\frac{2}{7} - \frac{4}{5}x\right) \cdot 0{,}5 =$ ______________________________

h) $-\frac{2}{3} \cdot \left(3s - \frac{5}{6}t\right) =$ ______________________________

i) $-1 \cdot \left(2 - \frac{1}{3}x\right) =$ ______________________________

j) $\left(-0{,}1k - \frac{1}{20}\right) \cdot (-10) =$ ______________________________

1 Ergänze den zweiten Faktor durch Ausklammern.

a) $2x + 4y - 6z = 2 \cdot (\quad\quad)$

b) $2x + 4y - 6z = (-2) \cdot (\quad\quad)$

c) $3a - 4b - 7c = (-1) \cdot (\quad\quad)$

d) $0{,}5a - 4b + 3{,}5c = 0{,}5 \cdot (\quad\quad)$

e) $5y + 0{,}25z = 0{,}25 \cdot (\quad\quad)$

f) $x^2 + xy - x^3 = x \cdot (\quad\quad)$

g) $-\frac{2}{3}x^3 - \frac{1}{3}x^2 = (-\frac{1}{3}x^2) \cdot (\quad\quad)$

h) $\frac{2}{5}a - \frac{1}{5}b = (-\frac{1}{5}) \cdot (\quad\quad)$

2 Klammere so aus, dass alle Koeffizienten in der Klammer ganzzahlig und möglichst klein sind.

a) $a^3 - 2a^4 + 0{,}5a^2 =$

b) $\frac{2}{3} - \frac{2}{3}a =$

c) $-\frac{1}{8}x - \frac{1}{2}y =$

d) $\frac{3}{25}s - \frac{3}{50}t =$

e) $-54 - 27a + 108b =$

f) $-2ab - 4bc - 6 =$

g) $361x^2 - 38xy =$

h) $-\frac{1}{100}a - \frac{1}{10}b - 1 =$

3 Vereinfache jeden Term möglichst weit. Die Lösungsbuchstaben bei den Ergebnissen ergeben den Nachnamen einer bekannten bayerischen Mathematikerin.

a)	$2 \cdot (x + 3) + 4 \cdot (x - 5) =$	N
b)	$0{,}6x - 2 \cdot (1{,}4 + 7x) =$	
c)	$\frac{5}{6} \cdot (3x + 4) - \frac{1}{2} \cdot (6x - 10) =$	
d)	$-2 \cdot (7{,}5 - x) - (2{,}5x - 1{,}2) \cdot 10 =$	
e)	$\frac{2}{3} \cdot (x - 3) + \frac{1}{5}(15 - x) =$	
f)	$0{,}2 \cdot (x + 4) - 9 \cdot (1 - 2x) =$	
g)	$2 - (-4 - x) + 3 \cdot (-x + 5) =$	

$-\frac{1}{2}x + 8\frac{1}{3}$	$6x - 14$	$-23x - 3$	$-13{,}4x - 2{,}8$	$18{,}2x - 8{,}2$	$\frac{7}{15}x + 1$	$-2x + 21$
E	N	T	O	E	H	R

4 Ersetze jeweils den/die Platzhalter so, dass äquivalente Terme entstehen.

a) $\square\, x + 4y = -2 \cdot (3x - 2y)$

b) $\square\, a^2 - \square\, ab = -\frac{a}{3} \cdot (2a + 6b)$

c) $\square\, ab + 7a^2b^2 = -7ab \cdot (2 - ab)$

d) $\frac{5}{2}x - \frac{5}{3}y = \frac{5}{6} \cdot (\square\, x - \square\, y)$

e) $-3x \cdot (4y + \square) = \square - 15x^2$

f) $(\frac{3}{2}a + b + \square) \cdot (-b) = -2ab - \square$

g) $(-u + 0{,}5u + \square) \cdot (3a + x) = 0$

h) $-8z\,(z \cdot \square - \frac{3}{4}) = -32z^2 + \square$

1 Multipliziere aus.

a) $4 \cdot (7x + 8) =$ ______ b) $4p \cdot (p + 4{,}5) =$ ______

c) $5 \cdot (-2m + 3r) =$ ______ d) $x \cdot (-4x + 2{,}8) =$ ______

e) $\frac{1}{4}x \cdot \left(7x + \frac{4}{5}y\right) \cdot y =$ ______

2 Beschreibe den Flächeninhalt der Figur auf zwei Arten durch …

① Addition aller Einzelflächen. ② Multiplikation der gesamten Seitenlängen.

a) 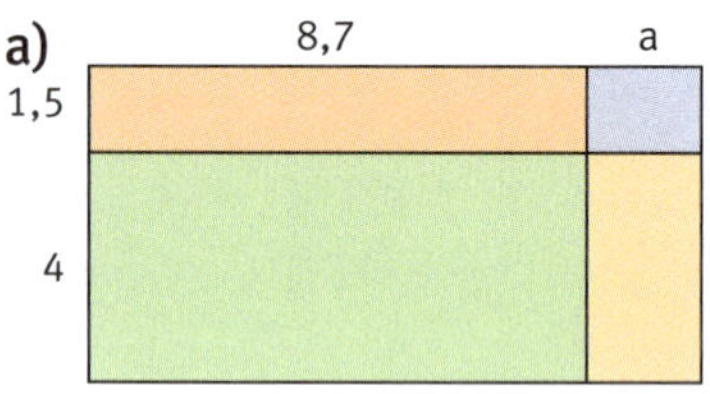

b) 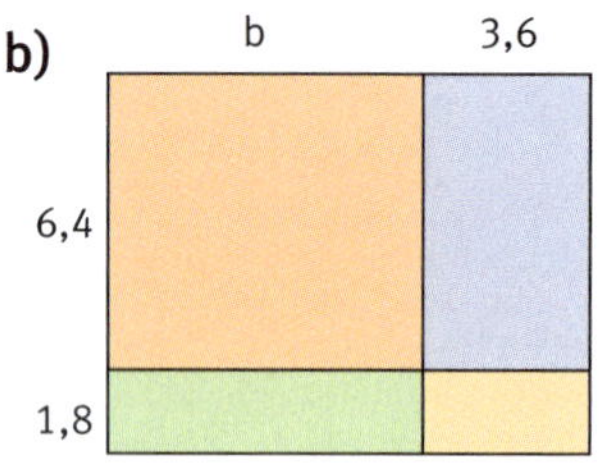

c) 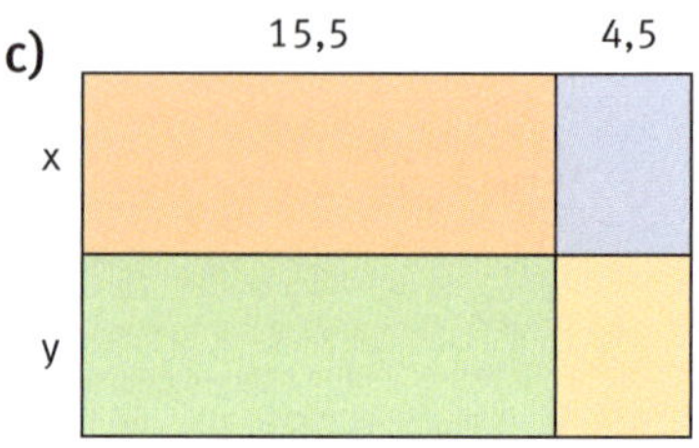

① ① ①

② ② ②

3 Ergänze die fehlenden Werte in den Verknüpfungstabellen. Wie lauten die Terme?

a)

·	12	−a
4a		
−1		

(4a – 1) · (12 – a) = ______

b)

·		−4
3x	$15x^2$	
		−8

______

c)

·	a	
	$4{,}5a^2$	
	1,2ac	$3{,}6c^2$

______

d)

·	$\frac{1}{4}x$	
	$\frac{1}{16}xy$	$-\frac{1}{6}y$
$-\frac{1}{5}$		

______

4 Ergänze die fehlenden Stellen so, dass die Rechnung stimmt.

a) $24x +$ ______ $+ 8x^2 = 4x \cdot (6 + 12y +$ ______ $)$

b) $121 +$ ______ $+ 14{,}3 =$ ______ $\cdot (11 + 0{,}5a^2 +$ ______ $)$

c) ______ $+ \frac{5}{6}pq + p^3q^2 =$ ______ $\cdot (4 + 5q +$ ______ $)$

1 Notiere den Flächeninhalt der Figuren ...

a)

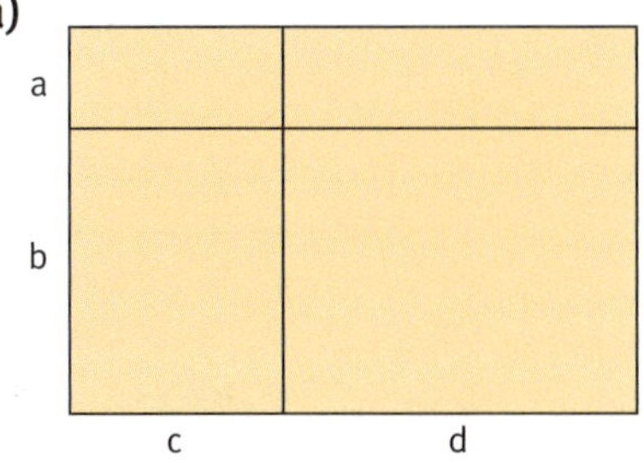

b)

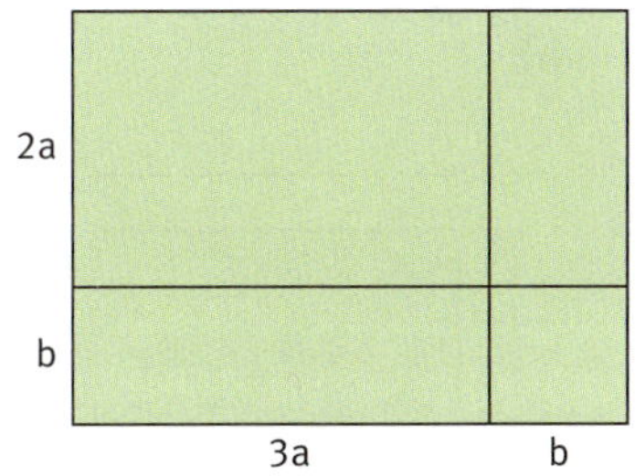

c)

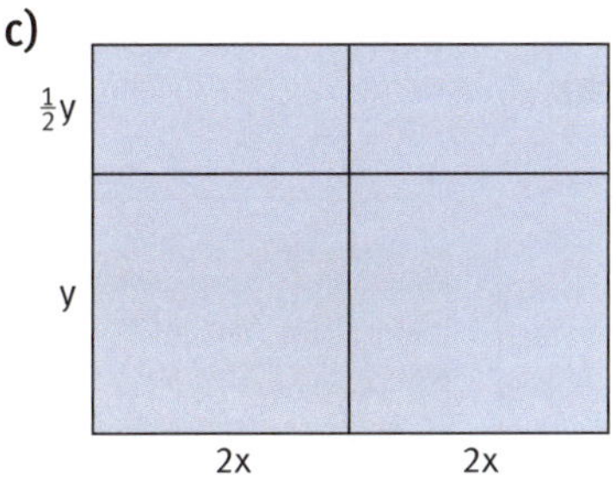

(1) als Produkt:

(2) als Summe der Teilflächen:

(3) Zeige die Äquivalenz der Terme aus (1) und (2).

2 Multipliziere aus und vereinfache so weit wie möglich.

a) $(2x - 3) \cdot (5x + 4) =$ ______

b) $(2y - 4) \cdot (1 - 2{,}5y) =$ ______

c) $(x - 1) \cdot (3x + 2) =$ ______

d) $(5x - 0{,}8) \cdot (4{,}5 - 3x) =$ ______

3 Ergänze die fehlenden Angaben.

a) $(2 + x) \cdot (\ \square\ - x) = -x^2 - x + 2$

b) $(\ \square\ - 3) \cdot \left(\frac{1}{2} + x\right) = 2x^2 - 2x - 1{,}5$

c) $\left(\frac{2}{3} - \ \square\ \right) \cdot (x - 6) = -\frac{1}{2}x^2 + \frac{11}{3}x - 4$

d) $\left(-\frac{1}{4}x - 3\right) \cdot (2{,}5x + \ \square\ ) = -\frac{5}{8}x^2 - 7\frac{1}{8}x + 4{,}5$

e) $(1{,}5 - \ \square\ ) \cdot (\ \square\ + x) = 3x^2 + 10{,}5x + 4{,}5$

4 Bilde aus den Termen (a + 1), (b + 2) und (c + 3) alle Produkte, die aus mindestens zwei Faktoren bestehen, und multipliziere die Produkte aus.

1 Benenne die Seitenlängen und markiere diese und die entsprechenden Flächen so, dass die folgenden Flächengleichheiten gelten. Es soll jeweils gelten: $x > y$.

a)

$(x + y)^2 = x^2 + 2xy + y^2$

b)

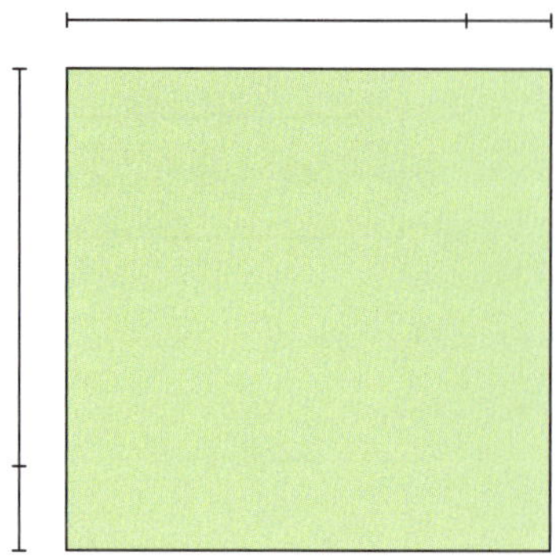

$(x - y)^2 = x^2 - 2xy + y^2$

c)

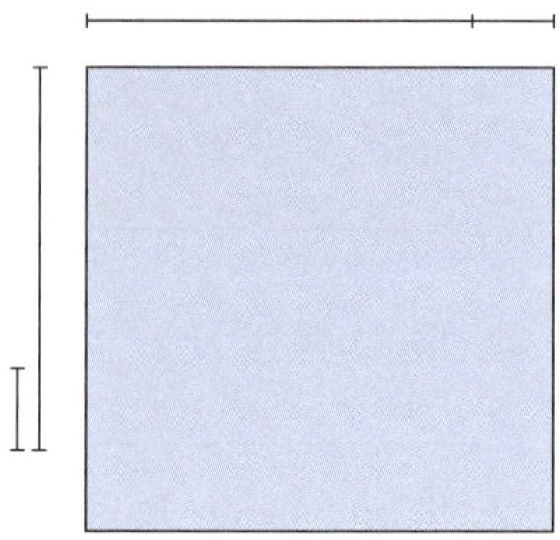

$(x + y) \cdot (x - y) = x^2 - y^2$

2 Löse die Klammern auf.

a) $(2 + t)^2 =$ ____________________

b) $(x - 11)^2 =$ ____________________

c) $(12t - 0{,}9s)^2 =$ ____________________

d) $(0{,}2 + 1{,}8p)^2 =$ ____________________

e) $(2x - 3) \cdot (2x + 3) =$ ____________________

f) $\left(-\frac{1}{3}v + \frac{1}{2}w\right)^2 =$ ____________________

3 Verbinde äquivalente Terme.

a)

	• $(a + 4b)^2$
$a^2 + 16ab + 64b^2$ •	• $(a + 8b)^2$
	• $16 \cdot (a^2 + 4b^2)$

b)

	• $\left(\frac{1}{4}x - y\right) \cdot \left(\frac{1}{4}x + y\right)$
$\frac{1}{4}x^2 - y^2$ •	• $\frac{1}{4}(x - y) \cdot (x + y)$
	• $\left(\frac{1}{2}x - y\right) \cdot \left(\frac{1}{2}x + y\right)$

c)

	• $(b + 6) \cdot (b - 6)$
$36 - b^2$ •	• $(b + 6) \cdot (6 - b)$
	• $(6^2 - b^2) \cdot (6^2 + b^2)$

d)

	• $\left(\frac{1}{4}s - t\right)^2$
$\frac{1}{16}s^2 - \frac{1}{2}st + t^2$ •	• $\left(\frac{1}{8}s - t\right)^2$
	• $\left(\frac{1}{16}s - t\right)^2$

4 + oder – ? Setze das richtige Zeichen ein.

a) $(x - 5)^2 = x^2 \bigcirc 10x \bigcirc 25$

b) $(s + 4) \cdot (s - 4) = s^2 \bigcirc 16$

c) $x^2 + 6xy \bigcirc 9y^2 = (x \bigcirc 3y)^2$

d) $(2a \bigcirc b) \cdot (2a - b) = 4a^2 - 4ab + b^2$

e) $(s + 0{,}5t) \cdot (0{,}5t \bigcirc s) = \frac{1}{4}t^2 - s^2$

f) $\left(\bigcirc \frac{1}{5}x + 3\right)^2 = \bigcirc \frac{1}{25}x^2 - \frac{6}{5}x \bigcirc 9$

5 Fülle die Lücken aus.

a) $4x^2 + \square + 9 = (2x + \square)^2$

b) $(1{,}5x - \square)\,(1{,}5x + \square) = \square - 0{,}25$

c) $\left(\frac{3}{4} + \square\right)^2 = \frac{9}{16} + \square + x^2$

d) $4 + 4t + \square = (\square + t)^2$

1 Wende die binomischen Formeln an und vereinfache so weit wie möglich. Trage die Buchstaben zu den Ergebnissen in die rechte Spalte ein. Das Lösungswort ergibt einen bekannten Berg in Deutschland.

a)	$(a + 0{,}5)^2 =$	
b)	$\left(2 + \frac{1}{4}a\right) \cdot \left(2 - \frac{1}{4}a\right) =$	
c)	$(1{,}3 + 2a)^2 =$	
d)	$(a + 1)^2 + (a - 1)^2 =$	
e)	$2 \cdot (a - 4)^2 =$	
f)	$\left(2a + \frac{1}{2}\right)^2 - (2a - 8)^2 =$	
g)	$\frac{1}{3} \cdot (6a - 9) \cdot (6a + 9) =$	
h)	$(a + 2{,}6)^2 + 4{,}8 \cdot (3{,}8 - a) =$	
i)	$(a + 5)^2 - (2a - 3)^2 + (a + 1{,}5) \cdot (1{,}5 - a) =$	

$2a^2 + 2$	$4 - \frac{1}{16}a^2$	$2a^2 - 16a + 32$	$-4a^2 + 22a + 18{,}25$	$4a^2 + 5{,}2a + 1{,}69$
S	U	P	E	G

$a^2 + a + 0{,}25$	$34a - 63{,}75$	$12a^2 - 27$	$a^2 + 0{,}4a + 25$
Z	I	T	Z

2 Ordne äquivalente Terme einander zu.

$4b^2 - 4a^2$	$4a^2 - 4b^2$	$16a^2 - 8b + b^2$	$4\,(a^2 + 2ab + b^2)$
$(4a - 4b) \cdot (a + b)$	$(2a + 2b)^2$	$(4a - b)^2$	$(2b - 2a)\,(2a + 2b)$

3 Vervollständige die Termmauer. Der Wert eines Steins ist das Produkt der beiden Steine darunter.

a)

	(oben)	
$2a + 1$	$2a - 1$	$2a - 1$

b)

	(oben)	
$\frac{1}{4}x^2 - \frac{1}{9}$		
	$\frac{1}{2}x + \frac{1}{3}$	$\frac{1}{3} + 0{,}5x$

1 Bestimme, welcher Extremwert zu dem jeweiligen quadratischen Term gehört. Ordne zu.

a) $\frac{1}{2}x^2 + 4$ b) $\frac{1}{2}x^2 - 4$ c) $4x^2 - \frac{1}{2}$ d) $4x^2 + \frac{1}{2}$

a) $-\frac{1}{2}$ | $\frac{1}{2}$ | -4 | 4

b) $-\frac{1}{2}$ | $\frac{1}{2}$ | -4 | 4

c) $-\frac{1}{2}$ | $\frac{1}{2}$ | -4 | 4

d) $-\frac{1}{2}$ | $\frac{1}{2}$ | -4 | 4

2 Bestimme die Art des Extremwerts zu dem gegebenen Term.

a) $T(x) = -3x^2 + 4$
◯ Minimum
◯ Maximum

b) $T(x) = \frac{1}{12}x^2 - 6$
◯ Minimum
◯ Maximum

c) $T(x) = -x^2 + 0{,}1$
◯ Minimum
◯ Maximum

d) $T(x) = -2 + \frac{1}{5}x^2$
◯ Minimum
◯ Maximum

3 Bestimme den Extremwert des quadratischen Terms mithilfe der numerischen Wertetabelle. Handelt es sich um ein Minimum oder Maximum?

x	−2	−1	0	1	2	3	4	Art des Extremwerts	Extremwert bei ...
a) $T(x) = -3x^2 + 5$								◯ Minimum ◯ Maximum	
b) $T(x) = x^2 - 4x + 5$								◯ Minimum ◯ Maximum	
c) $T(x) = -\frac{1}{2}x^2 + x - 2{,}5$								◯ Minimum ◯ Maximum	
d) $T(x) = -2x^2 - 4x - 6$								◯ Minimum ◯ Maximum	
e) $T(x) = 4x^2 - 24x + 31$								◯ Minimum ◯ Maximum	
f) $T(x) = -x^2 + 4x - 2{,}5$								◯ Minimum ◯ Maximum	

4 Bestimme den Extremwert des quadratischen Terms mithilfe einer grafischen Wertetabelle.

a) $T(x) = \frac{1}{4}x^2 + x + 1$

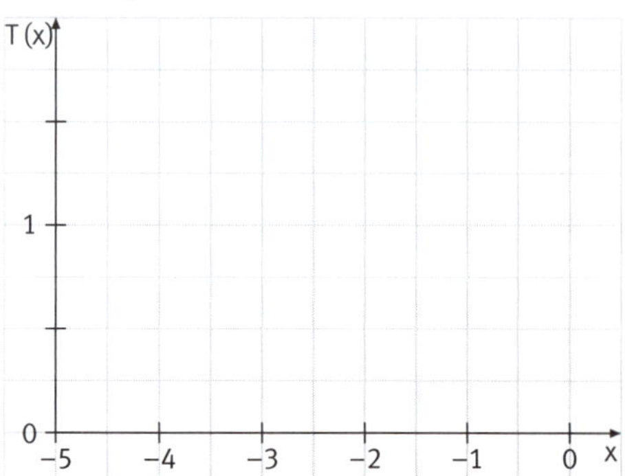

Extremwert:

b) $T(x) = x^2 - 8x + 18$

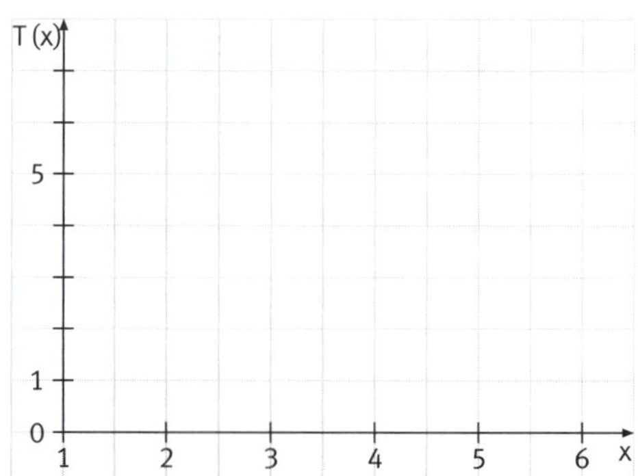

Extremwert:

1 Vervollständige die quadratische Ergänzung.

a) $x^2 + 5x = x^2 + 5x +$ ____ $-$ ____ $= (x +$ ____ $)^2 -$ ____

b) $y^2 - \frac{2}{3}y = y^2 - \frac{2}{3}y +$ ____ $-$ ____ $= (y -$ ____ $)^2 -$ ____

c) $z^2 - 6z = z^2 - 6z +$ ____ $-$ ____ $= ($ ____ $-$ ____ $)^2 -$ ____

d) $x^2 + 18x = x^2 + 18x +$ ____ $-$ ____ $= ($ ____ $+$ ____ $)^2 -$ ____

2 Bei der Bestimmung der Extremwerte haben sich Fehler eingeschlichen. Unterstreiche die fehlerhaften Zeilen, beschreibe die Fehler und verbessere die Rechnung.

a)
$$T(x) = x^2 + 14x - 6$$
$$= x^2 + 14x + 7^2 - 7^2 - 6$$
$$= (x + 7)^2 - 13$$

Minimum $T_{min} = -13$ *bei* $x = 7$

Beschreibung Fehler: ______________________________

____

b)
$$T(x) = -x^2 + 6x + 4$$
$$= -[x^2 + 6x + 4]$$
$$= -[x^2 + 6x + 4 + 3^2 - 3^2]$$
$$= -[(x + 3)^2 - 9]$$
$$= -(x + 3)^2 + 9$$

Maximum $T_{max} = 9$ *bei* $x = -3$

Beschreibung Fehler: ______________________________

____

c)
$$T(y) = y^2 - 9y + 1$$
$$= y^2 - 9y + 3^2 - 3^2 + 1$$
$$= (y - 3)^2 - 10$$

Minimum $T_{min} = -10$ *bei* $y = 3$

Beschreibung Fehler: ______________________________

____

1 Gegeben sind quadratische Terme, Extremwerte und zugehörige Stellen. Verbinde die richtigen Kombinationen. Verwende jeweils unterschiedliche Farben.

Terme	Extremwerte	Stellen
$T(x) = (x-4)^2 + 7{,}5$	$T_{min} = 7{,}5$	an der Stelle $x = 4$
$T(x) = -(x+4)^2 + 7{,}5$	$T_{min} = -7{,}5$	an der Stelle $x = -4$
$T(x) = (x-7{,}5)^2 - 4$	$T_{max} = 7{,}5$	an der Stelle $x = 7{,}5$
$T(x) = (7{,}5+x)^2 - 4$	$T_{max} = -7{,}5$	an der Stelle $x = -7{,}5$
$T(x) = -(x-4)^2 - 4$	$T_{min} = 4$	
	$T_{min} = -4$	
	$T_{max} = 4$	
	$T_{max} = -4$	

2 Forme mithilfe einer quadratischen Ergänzung so um, dass man den Extremwert direkt ablesen kann.

	Term	Extremwert	an der Stelle
a)	$T(a) = -a^2 + 10a - 6$		
b)	$T(b) = -\frac{1}{2}b^2 + 6b - 8$		
c)	$T(c) = -4c^2 + 20c - 1$		
d)	$T(d) = \frac{1}{4}d^2 - \frac{1}{2}d - 3$		

1 Tante Berta bringt für ihre Nichten Marie und Sonja Geschenke mit. Hierzu hat sie in neun kleinen Schächtelchen jeweils gleich viel Geld versteckt. Sonja bekommt vier der Schächtelchen und 7 € dazu, während Marie zwar fünf Schächtelchen, aber nur 1 € extra erhält. Die Mädchen sollen vor dem Auspacken zuerst herausfinden, wie viel Geld in den Schächtelchen versteckt ist. Natürlich bekommen die Mädchen gleich viel von ihrer Tante. Ergänze die zeichnerische und rechnerische Lösung.

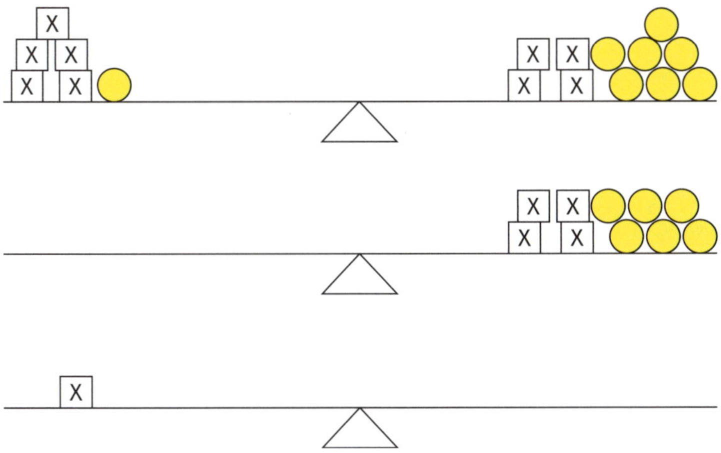

$\_\_\_\_\_\_ = \_\_\_\_\_\_ \quad | -1$

$\Leftrightarrow 5x = 4x + \_\_\_\_\_\_ \quad | -4x$

$\Leftrightarrow \quad x = \_\_\_\_\_\_$

$\mathbb{L} = \{\_\_\_\}$

2 Löse die Gleichungen. Markiere dann die einzelnen Streifen der Flaggen in den Farben, die deiner Lösung zugeordnet sind, und finde heraus, zu welchen europäischen Ländern die Flaggen gehören.

a) $7x - 3 = 5x \quad | -5x \quad \mathbb{G} = \mathbb{Q}$

$\mathbb{L} = \{1{,}5\}$

b) $4 - 3x = 9 + x \quad | -x \quad \mathbb{G} = \mathbb{Q}$

c) $3{,}5x - \frac{36}{3} = -12 + 9{,}7x \quad \mathbb{G} = \mathbb{Z}^-$

d) $3{,}2x - 5x + 1{,}8 = 9{,}36 \quad \mathbb{G} = \mathbb{Q}_0^-$

e) $-0{,}5x = 7{,}2 - 2{,}5x + 12{,}8 \quad \mathbb{G} = \mathbb{N}$

f) $-3\,(x - 2) = 5{,}2 - 7x \quad \mathbb{G} = \mathbb{Q}^+$

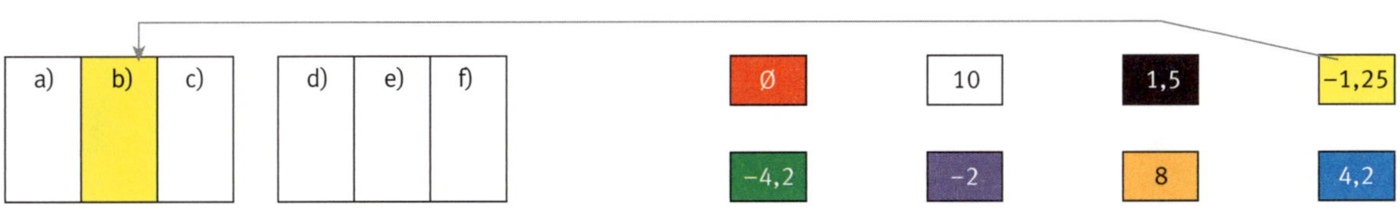

Land: ________ ________

1 Ergänze die fehlenden Rechenschritte und die Lösungsmenge ($\mathbb{G} = \mathbb{Q}$).

a) $-2 \cdot (\_\_\_\_ - 1{,}2y) = (7y - 4) : 5$

$\Leftrightarrow \quad -0{,}6 + \_\_\_\_ = 1{,}4y - \_\_\_\_ \qquad | - 1{,}4y$

$\Leftrightarrow \quad -0{,}6 + \_\_\_\_ = -0{,}8 \qquad | + 0{,}6$

$\Leftrightarrow \quad y = \_\_\_\_$

$\mathbb{L} = \{\_\_\_\_\}$

b) $(a + 4)^2 - a = (a - 3) \cdot (a + 5)$

$\Leftrightarrow \quad a^2 + \_\_\_ + 16 - \_\_\_ = a^2\_\_\_ - 3a - \_\_\_ \qquad | - a^2$

$\Leftrightarrow \quad \_\_\_\_ + 16 = 2a\_\_\_\_ \qquad | \_\_\_\_$

$\Leftrightarrow \quad 5a + \_\_\_\_ = \_\_\_\_ \qquad | - 16$

$\Leftrightarrow \quad \_\_\_\_ = -31 \qquad | \_\_\_\_$

$\Leftrightarrow \quad a = \_\_\_\_$

$\mathbb{L} = \{\_\_\_\_\}$

2 Gib jeweils die zugehörige Grundmenge und Gleichung an und bestimme dann die Lösungsmenge.

a) Subtrahiert man vom Fünffachen einer natürlichen Zahl die Zahl 7, so erhält man das Doppelte der Summe aus 13 und der gesuchten Zahl.

$\square\ \square\ \square = \square\ (\square + \square)$

$\mathbb{G} = \_\_\_\_ \qquad \mathbb{L} = \{\_\_\_\_\}$

b) Multipliziert man die Differenz aus dem Vierfachen einer rationalen Zahl und 5 mit der gesuchten Zahl, so erhält man das Quadrat aus der Summe von 3 und dem Doppelten der Zahl.

$(\square\ \square\ \square)\ \square\ \square = (\square\ \square\ \square)^{\square}$

$\mathbb{G} = \_\_\_\_ \qquad \mathbb{L} = \_\_\_\_$

3 **a)** Gib für die nebenstehenden Zeichnungen die Flächeninhalte A_1 und A_2 als Maßzahlterm an.

$A_1 = 11 \cdot \_\_\_ - x \cdot \_\_\_ = \_\_\_\_\_\_\_\_$

$A_2 = (8 - \_\_\_) \cdot (\_\_\_ + \_\_\_) = \_\_\_\_\_\_\_\_$

$\_\_\_\_\_\_\_\_$

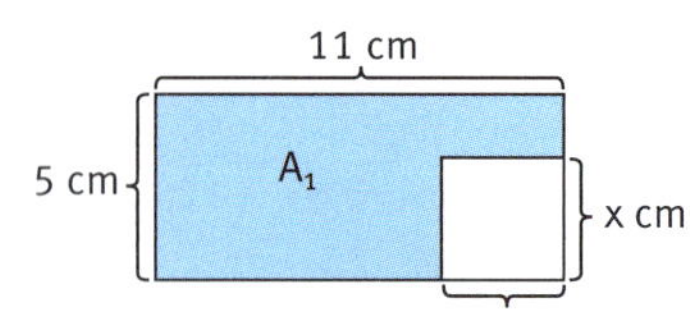

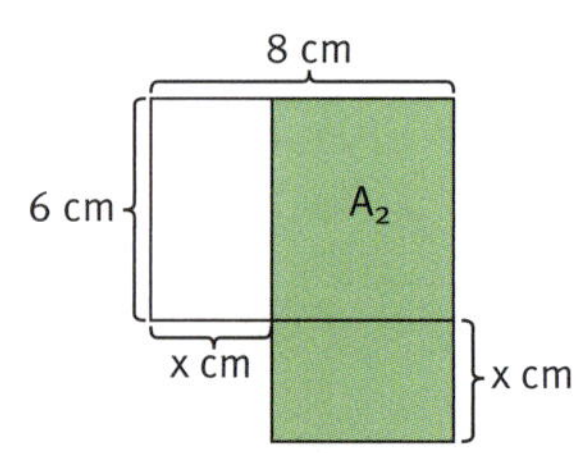

b) Gib ein sinnvolles Intervall für x an. ________

c) Für welchen Wert von x haben A_1 und A_2 denselben Flächeninhalt?

1 Löse zuerst im Kopf die Ungleichung und gib dann für die unterschiedlichen Grundmengen jeweils die Lösungsmengen an.

	Ungleichung	gelöste Ungleichung	$\mathbb{G} = \mathbb{N}_0$	$\mathbb{G} = \mathbb{Q}_0^-$	$\mathbb{G} = \mathbb{Q}$
a)	$-2x \geqq 0$	x ◯ ______	$\mathbb{L} =$		
b)	$6y > 4y - 7$				
c)	$-3a \geqq 2a - 16$				
d)	$8t > 25 - 2t$				

2 Bestimme jeweils die Lösungsmenge und stelle sie in verschiedenen Farben (grün, rot bzw. blau) auf der Zahlengerade dar. Achte besonders auf die Grundmenge.

a) $\mathbb{G} = \mathbb{N}$
$3x + 2 > 5x - 6{,}6$

b) $\mathbb{G} = \mathbb{Q}_0^-$
$(x - 3) \cdot (-4) \geqq 12 - 5x$

c) $\mathbb{G} = \mathbb{Q}$
$2\frac{1}{2}x - 3 \leqq \frac{5}{6}x - 5{,}5$

$\mathbb{L} =$ ______ $\mathbb{L} =$ ______ $\mathbb{L} =$ ______

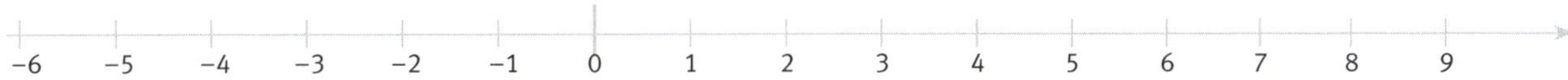

3 Jonas und Max nehmen an einem Skateboard-Rennen teil. Welchen Platz sie belegt haben, kannst du aus den Lösungen der Ungleichungen ermitteln.

Jonas:
$-3 \cdot (-6x - 2) < 21x - 8{,}4 \quad \mathbb{G} = \mathbb{Q}$

$\mathbb{L} =$ Platz:

Max:
$-4 \cdot (0{,}5x - 0{,}95) \geqq -2{,}5x + 1{,}05 \quad \mathbb{G} = \mathbb{Q}_0^-$

$\mathbb{L} =$ Platz:

1 Die rot dargestellte Lösungsmenge ist aus der blauen und der grünen durch eine der beiden Verknüpfungen (∧ bzw. ∨) entstanden. Markiere zu $\mathbb{L}_1$ und $\mathbb{L}_2$ jeweils die zugehörige Gleichung bzw. Ungleichung farbig. Kreise dann die zutreffende Verknüpfungsart und eine mögliche Grundmenge ein.

a) 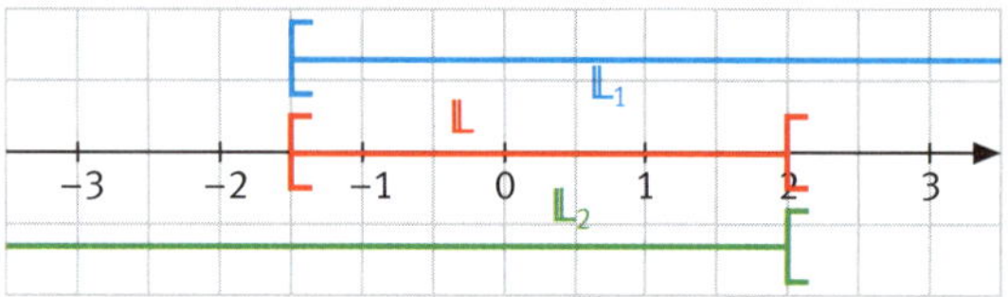

b) 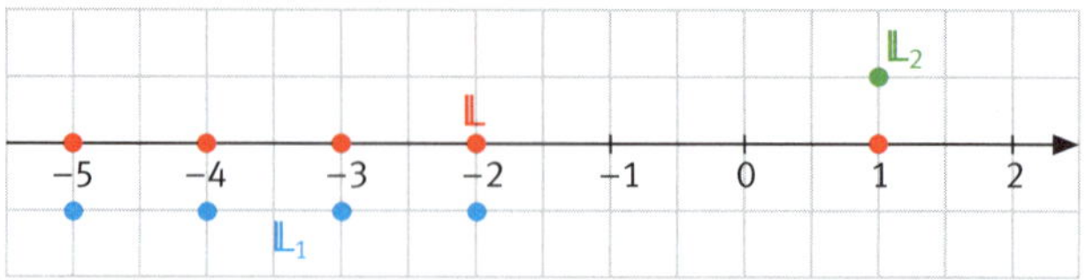

a) $\mathbb{G} = \mathbb{Q}$ | ∧ | $x > -1{,}5$ | ∨ | $\mathbb{G} = \mathbb{Q}_0^+$ | $x \geqq -1{,}5$ | $x > 2$ | $\mathbb{G} = \mathbb{Z}$ | $x < 2$

b) $x \leqq -1$ | ∨ | $x < -2$ | ∧ | $\mathbb{G} = \mathbb{Q}$ | $\mathbb{G} = \mathbb{N}$ | $x = 1$ | $\mathbb{G} = \mathbb{Z}$ | $x < -1{,}5$

2 Gib für die Ungleichung die Lösungsmengen $\mathbb{L}_1$ bzw. $\mathbb{L}_2$ über den angegebenen Grundmengen an und bestimme dann die Lösungsmenge $\mathbb{L}$ der Verknüpfung.

a)		$\mathbb{G} = \mathbb{Q}$	$\mathbb{G} = \mathbb{Z}^-$	$\mathbb{G} = \mathbb{Q}_0^+$
	$x \leqq 2$	$\mathbb{L}_1 = \{x \mid \quad\quad \}$	$\mathbb{L}_1 =$	$\mathbb{L}_1 = [\quad ; \quad]$
	$x > -3{,}4$	$\mathbb{L}_2 =$		
	$x \leqq 2 \wedge x > -3{,}4$	$\mathbb{L} =$		
	$x \leqq 2 \vee x > -3{,}4$	$\mathbb{L} =$		

b)		$\mathbb{G} = \mathbb{Q}$	$\mathbb{G} = \mathbb{N}$	$\mathbb{G} = \mathbb{Q}_0^-$
	$x \leqq -5{,}1$	$\mathbb{L}_1 =$		
	$x < 3$	$\mathbb{L}_2 =$		
	$x \leqq -5{,}1 \wedge x < 3$	$\mathbb{L} =$		
	$x \leqq -5{,}1 \vee x < 3$	$\mathbb{L} =$		

3 Spalte die Doppelungleichung in eine Verknüpfung zweier Ungleichungen auf und bestimme die Lösungsmenge mithilfe der Zahlengerade.

$-10 + 3x \leqq 4x - 8 < 34 - 6x \qquad \mathbb{G} = \mathbb{Q}$

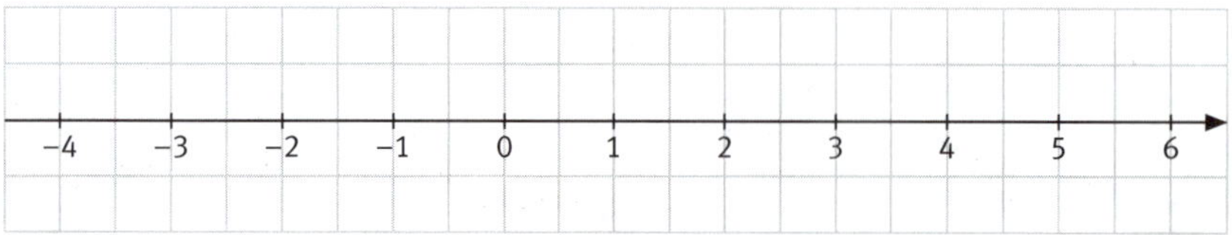

1 Gegeben sind die Mengen A = {−2; 0; 1} und B = {−7; 5}. Bilde die folgenden Produktmengen in aufzählender Form.

A × B = {(|); (|); (|); (|); (|); (|)}

B × A = {(|); (|); (|); (|); (|); (|)}

B × B = {(|); (|); (|); (|)}

2 Das höchstwertige Solospiel beim Schafkopf ist der sogenannte „Sie“. Welche Karten ein Spieler dabei auf der Hand hält, kannst du als Produktmenge folgender Mengen ermitteln:

A = {U; O} (U: „Unter“, O: „Ober“)

B = {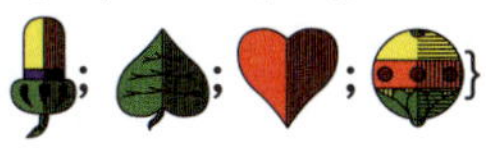}

Ergänze das Kartenblatt.

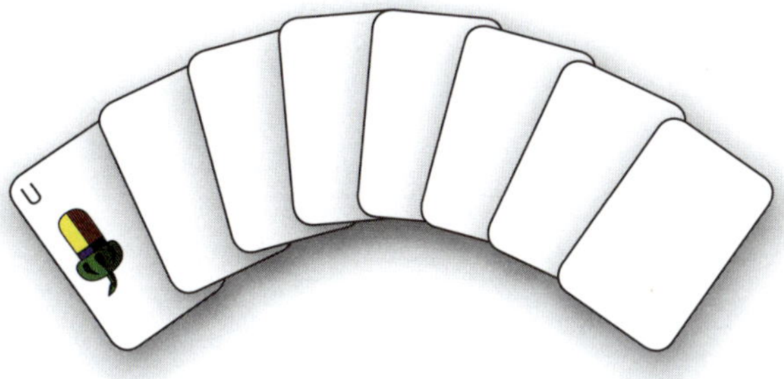

3 Stelle die Produktmengen grafisch dar.

a) {−1; 1; 2; 4} × {1; 3}

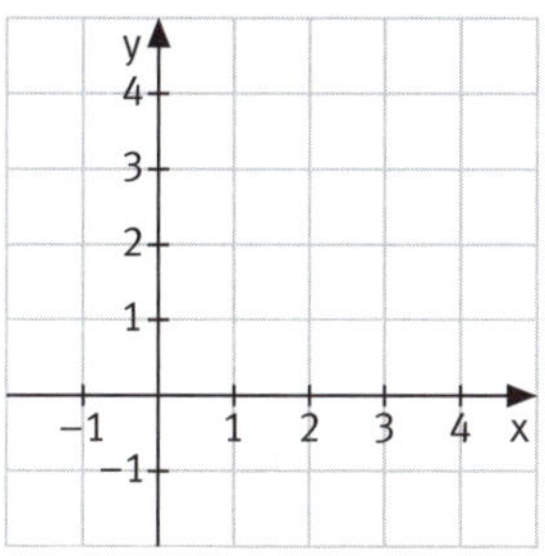

b) [−2; 3] × {−1; 1; 3}

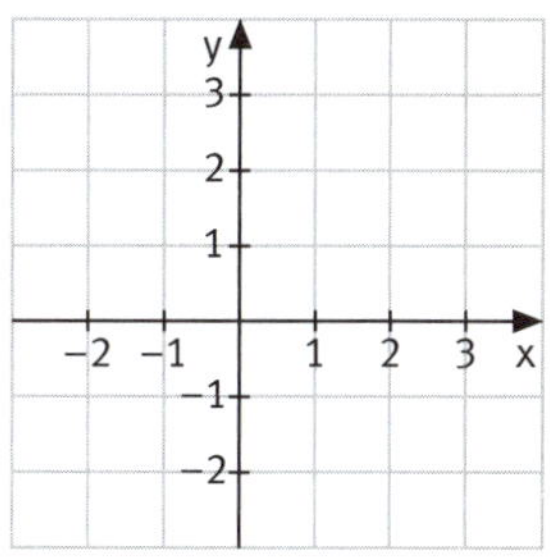

c) {−1; 4} × [0; 2]

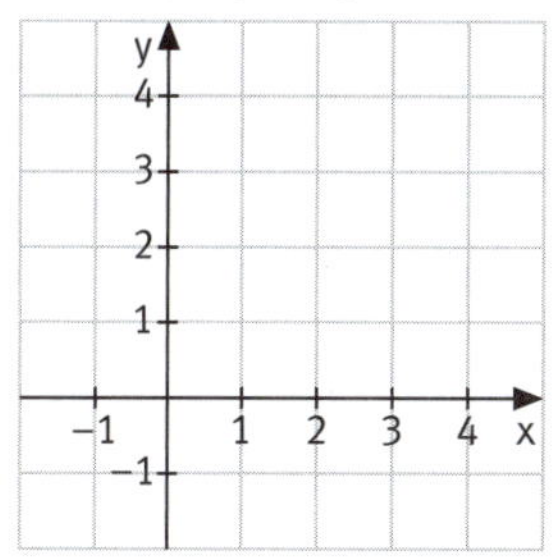

4 Dargestellt sind Produktmengen E × F = {(x | y) | x ∈ E ∧ y ∈ F}. Gib die Mengen E und F an.

a)

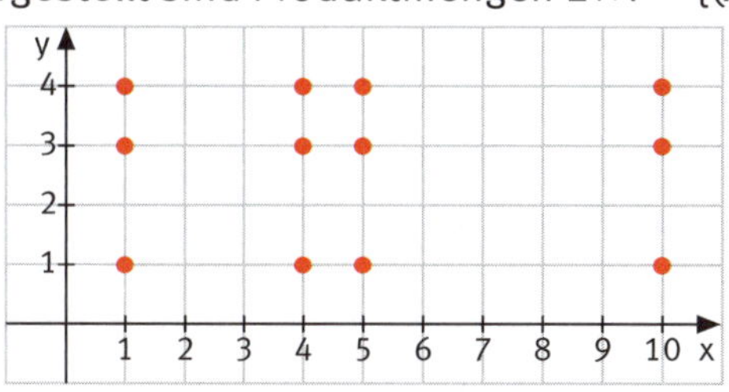

E =

F =

b)

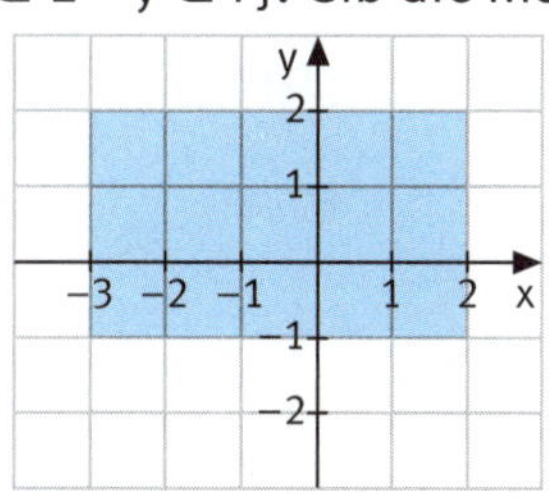

E =

F =

c)

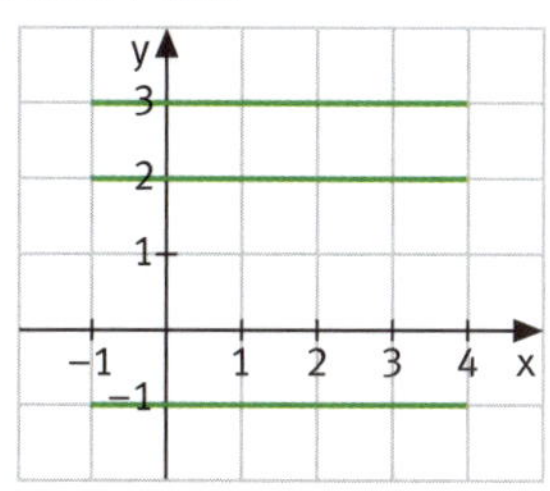

E =

F =

5 Vervollständige die Mengen A und B sowie die Produktmenge so, dass gilt: A × B = B × A.

A = {____; ____; 7} B = {0; ____; ____}

A × B = B × A = {(____|____);(____|____);(____|____);(2|0);(____|____);(____|____);

(____|____);(____|____);(____|____)}

1 Finde zu jeder dargestellten Relation ($\mathbb{G} = M_1 \times M_2$) eine mögliche Relationsvorschrift mit $x \in M_1$ und $y \in M_2$ und bestimme jeweils die Definitions- und die Wertemenge.

a)

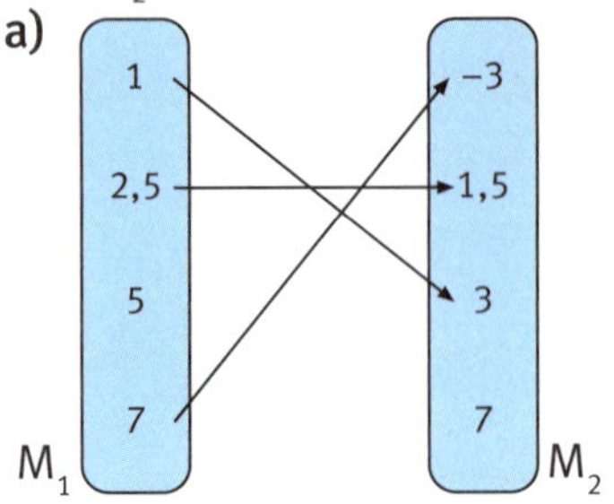

R: ______ = 4 ______

$\mathbb{D}$ = ______

$\mathbb{W}$ = ______

b)

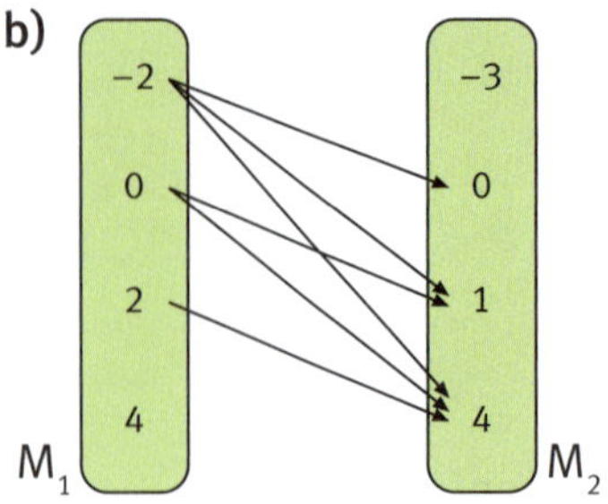

R: y > ______

$\mathbb{D}$ = ______

$\mathbb{W}$ = ______

c)

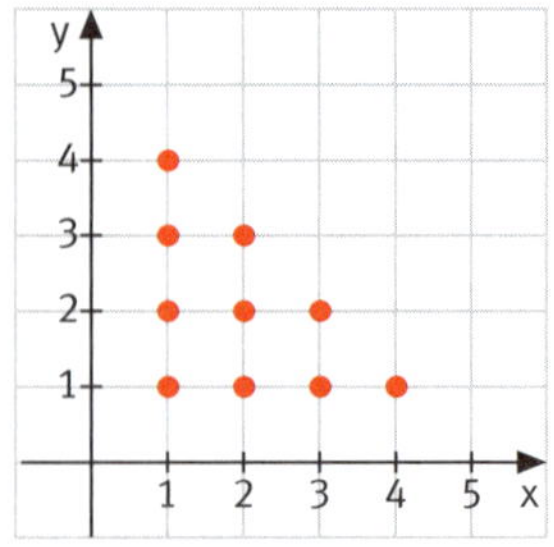

R: ______

$\mathbb{D}$ = ______

$\mathbb{W}$ = ______

2 Gib die Relation jeweils in der abgebildeten Form sowie die Definitions- und Wertemenge an.

a) $R = \{(x|y) | x < |y|\}$ mit
$\mathbb{G} = \{-1; 0{,}5; 1; 2\} \times \{-1; 2; 3\}$

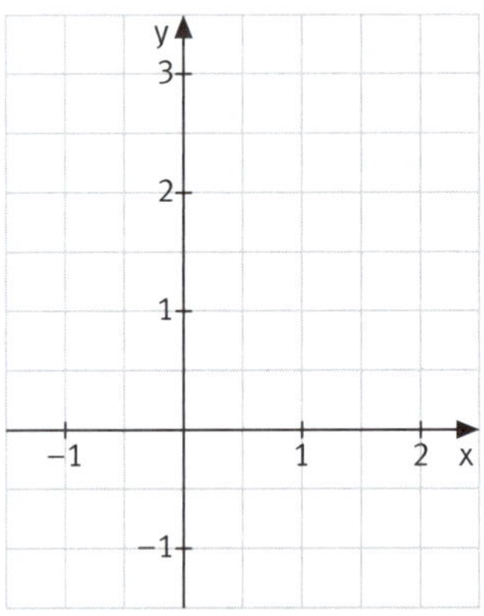

$\mathbb{D}$ = ______

$\mathbb{W}$ = ______

b) $R = \{(x|y) | y - 3x = 5\}$
$\mathbb{G} = A \times \{-4; -1; 3{,}5; 7; 9; 11\}$

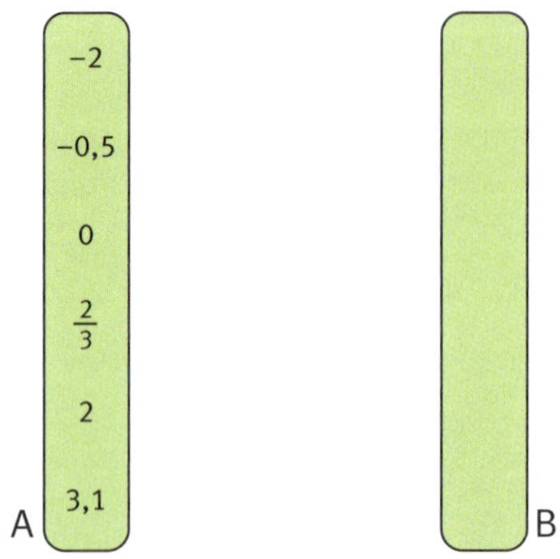

$\mathbb{D}$ = ______

$\mathbb{W}$ = ______

c) $R = \{(x|y) | y \geqq 0{,}5x\}$
$\mathbb{G} = \{-1; 0; 1; 2; 3\} \times [-1; 3]$

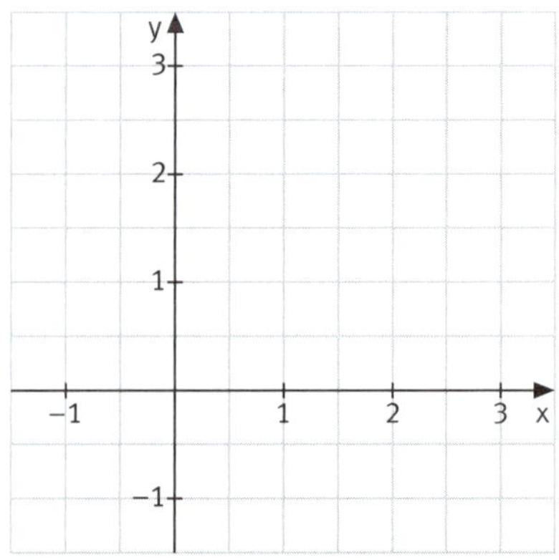

$\mathbb{D}$ = ______

$\mathbb{W}$ = ______

3 Eine Relation mit der Grundmenge $\mathbb{G} = \{-3; -1{,}5; 2; 24\} \times \{-4; -2; 0; 0{,}5; 8\}$ enthält alle Zahlenpaare, für die gilt: Das Produkt aus der 1. und der 2. Komponente ist 12.

a) Wie lautet die Relationsvorschrift in mathematischer Schreibweise? ______

b) Gib die Relation in aufzählender Form an. ______

4 Alle Elemente $(x|y) \in F \times L$ der Relation R erfüllen die Relationsvorschrift: x ist ein Fluss in y.

a) Bilde die Mengen F (Flüsse) und L (Länder) für R (Rhein), D (Deutschland), NL (Niederlande), Do (Donau), I (Inn), CH (Schweiz) und A (Österreich).

F = {R; ______; ______} L = ______

b) Gib die Relation R in aufzählender Form an.

______

1 Entscheide, ob der Graph eine Funktion darstellt.

a) 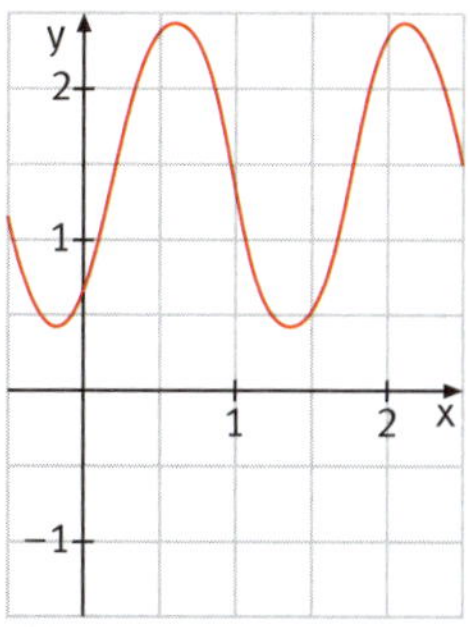

◯ Funktion
◯ keine Funktion

b) 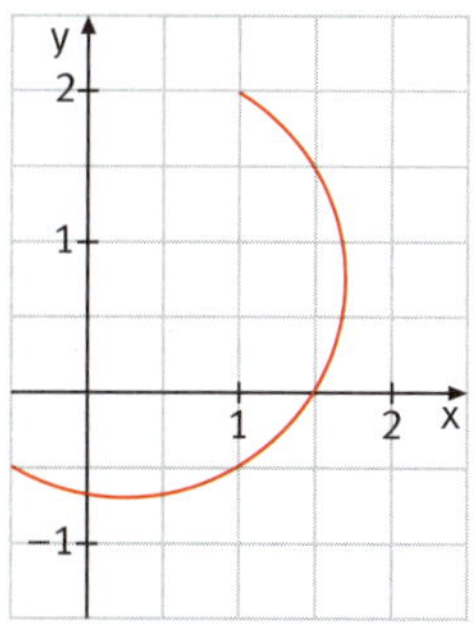

◯ Funktion
◯ keine Funktion

c) 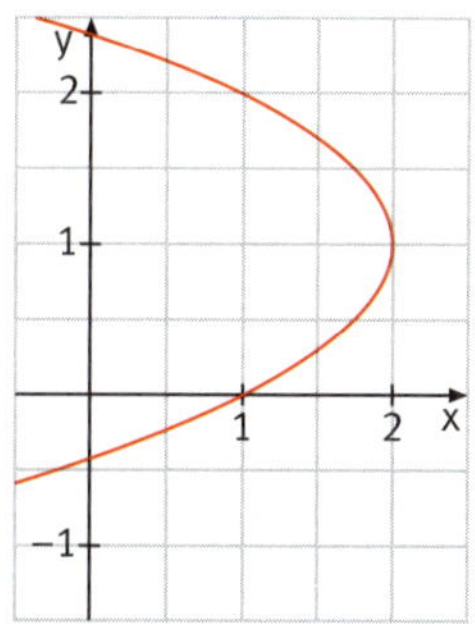

◯ Funktion
◯ keine Funktion

d) 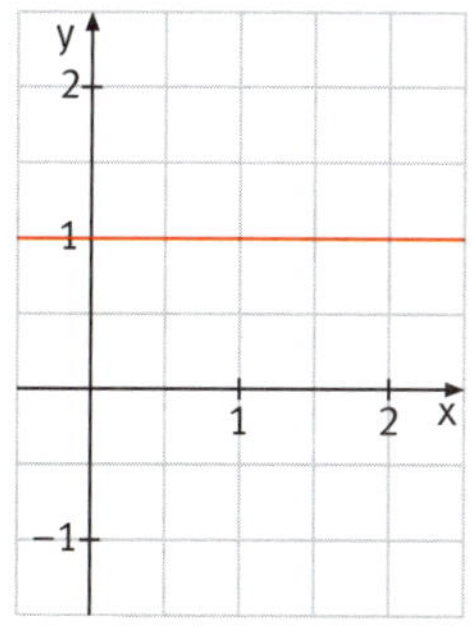

◯ Funktion
◯ keine Funktion

2 Liegt eine Funktion vor?

a) R = {(−2|3); (−1|2); (0|1); (1|2); (2|3); (3|4)} ◯ Funktion ◯ keine Funktion

b) R = {(3|−2); (2|−1); (1|0); (2|1); (3|2); (4|3)} ◯ Funktion ◯ keine Funktion

c) R = {(−2|7); (−1|7); (0|7); (1|7); (2|7); (3|7)} ◯ Funktion ◯ keine Funktion

d) R = {(−4|−1); (−4|0); (−4|1); (−4|2); (−4|3); (−4|4)} ◯ Funktion ◯ keine Funktion

3 Überprüfe, ob die folgenden Funktionen eine Nullstelle haben und gib diese gegebenenfalls an.

a) 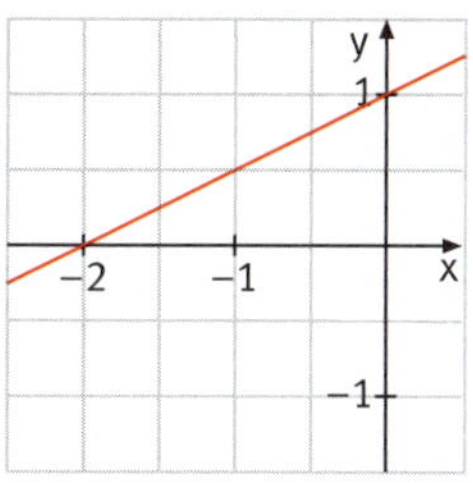

x = ____________

b) 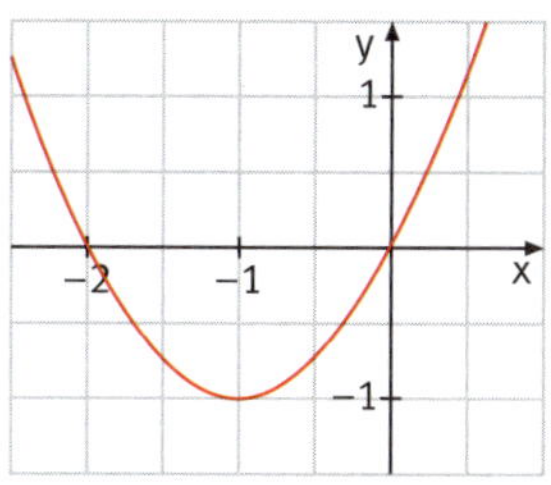

____

c) 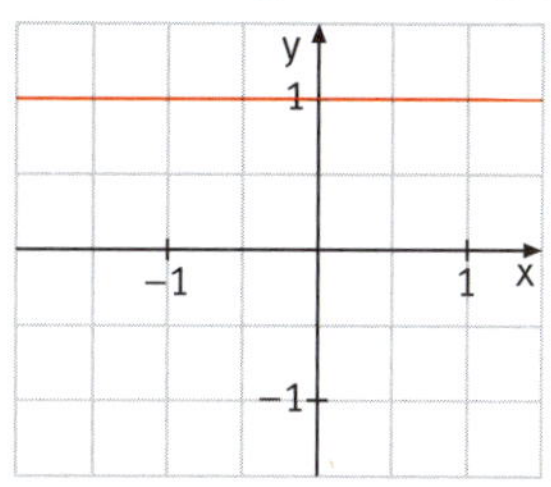

____

d) 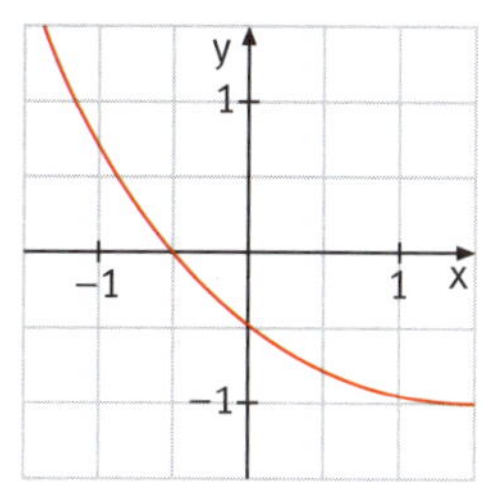

____

e) R = {(−1|1,5); (0|1); (1|0,5); (2|0); (3|−0,5)} ____________

f) R = {(−2|−2,5); (−1|−1); (0|−0,5); (1|−1); (2|−2,5)} ____________

g) R = {(−7|0); (−3|0); (0|0); (2|0)} ____________

h) R = {(x|y) | y = 0,5x − 1} mit $\mathbb{G} = \mathbb{Q} \times \mathbb{Q}$ ____________

4 Die Funktion f mit y = 0,5 · |x| − 1 hat die Grundmenge $\mathbb{G} = \mathbb{Q} \times \mathbb{Q}$.

a) Erstelle für f eine Wertetabelle für x ∈ [−3; 3] mit Δx = 1.

x	−3						
y							

b) Zeichne den Graphen der Funktion.

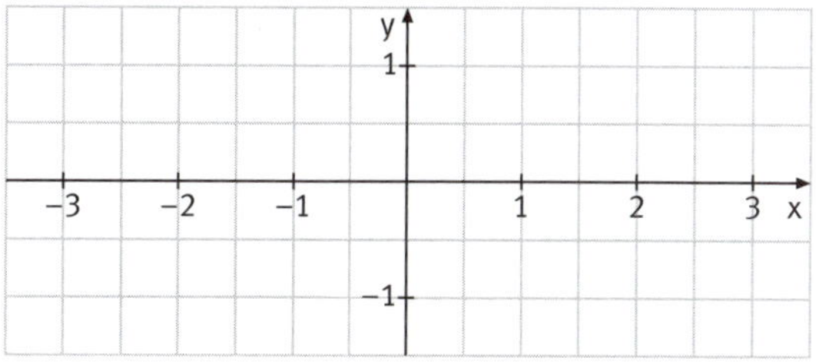

c) Bestimme die Nullstellen der Funktion.

____

Umkehrrelationen und -funktionen

1 **a)** Ordne die Gegenstände mit Pfeilen so zu, dass gilt: „Mit dem Werkzeug x kann man den Gegenstand y bearbeiten.“

b) Zeichne die Umkehrung der Zuordnung aus Teilaufgabe a).

c) Wie könnte die Zuordnungsvorschrift für Teilaufgabe b) lauten?

____

2 Zeichne jeweils die Umkehrrelation R^{-1} ein und entscheide, ob sie eine Funktion darstellt.

a)

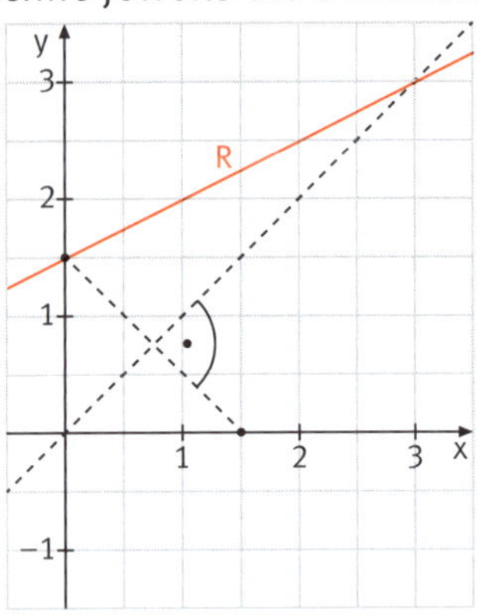

◯ R^{-1} ist eine Funktion.
◯ R^{-1} ist keine Funktion.

b)

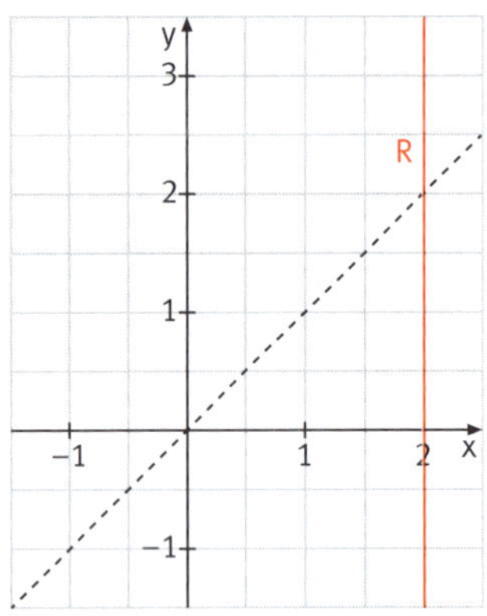

◯ R^{-1} ist eine Funktion.
◯ R^{-1} ist keine Funktion.

c)

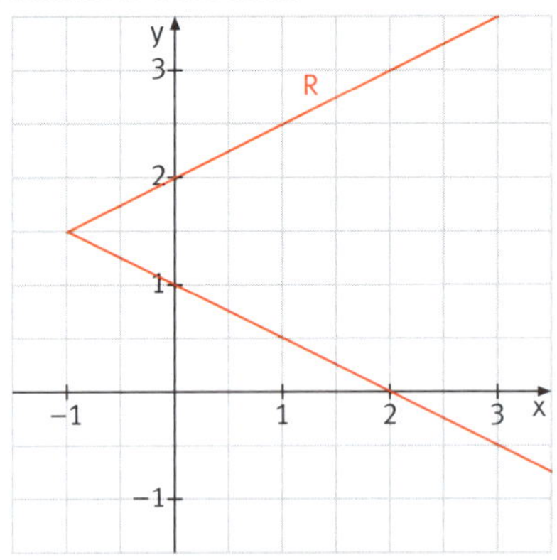

◯ R^{-1} ist eine Funktion.
◯ R^{-1} ist keine Funktion.

3 Gib die Umkehrrelation R^{-1} bzw. die Relation R sowie ihre Definitions- und Wertemengen an.

a) $R = \{(-2|0); (-1|1); (0|2); (1|3); (2|4)\}$ $\qquad \mathbb{D} =$ ______ $\qquad \mathbb{W} =$ ______

$R^{-1} =$ ______ $\qquad \mathbb{D}^{-1} =$ ______ $\qquad \mathbb{W}^{-1} =$ ______

b) $R =$ ______ $\qquad \mathbb{D} =$ ______ $\qquad \mathbb{W} =$ ______

$R^{-1} = \{(-3|9); (-1|1); (0|0); (1|1); (3|9)\}$ $\qquad \mathbb{D}^{-1} =$ ______ $\qquad \mathbb{W}^{-1} =$ ______

4 Bestimme die Gleichung der Umkehrfunktion f^{-1} für $f = \{(x|y) \mid y = -0{,}5x + 8\}$ mit $\mathbb{G} = \mathbb{Q} \times \mathbb{Q}$.

f: $y = -0{,}5x + 8$

f^{-1}: ☐ = ______ ☐ + ______ | −8

⇔ ______ | ______

______

f^{-1}: $y =$ ______

1 a) Welche Graphen gehören zu einer Funktion mit einer Gleichung der Form y = mx?

◯ f_1 ◯ f_2 ◯ f_3 ◯ f_4 ◯ f_5

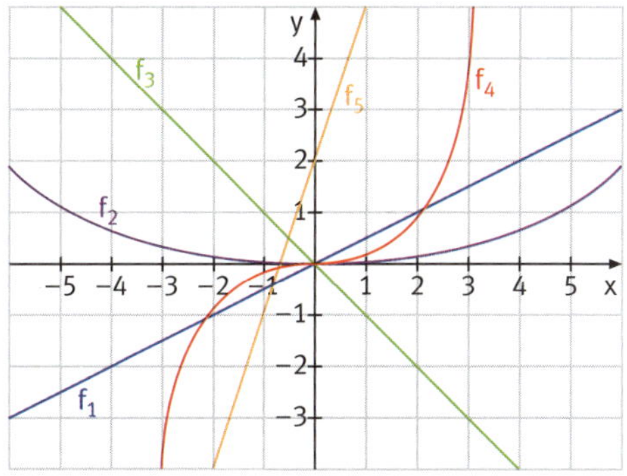

b) Lies aus der Zeichnung fünf geeignete Zahlenpaare (x|y) ab, die zu f_1 gehören.

x	4				
y		1			

c) Finde anhand der Tabelle aus Teilaufgabe b) heraus, welcher Zusammenhang zwischen x und y besteht.

„y ist immer ______________________ ."

d) Gib die Geradengleichung zu f_1 an. f_1:

2 Die gegebenen Punkte liegen auf dem Graph einer linearen Funktion mit einer Gleichung der Form y = mx. Ordne durch Ankreuzen die Punkte der passenden Funktionsgleichung zu.

	A (1|−3)	B (−3|−2,4)	C (−0,9|0,9)	D (2|−1,4)	E (2,8|−2,8)	F (0|0)	G (5|4)	H (−5|3,5)
f_1: $y = -3x$	×							
f_2: $y = \frac{4}{5}x$								
f_3: $y = -0{,}7x$								
f_4: $y = -x$								

3 Berechne zuerst im Kopf die fehlenden Koordinaten eines auf dem Funktionsgraphen liegenden Punktes ($x \neq 0$) und zeichne dann die Graphen.

a) f_1: $y = -\frac{1}{5}x$ A (3|____)

f_2: $y = 2{,}5x$ B (1|____)

f_3: $y = -1{,}5x$ C (−2|____)

f_4: $y = \frac{3}{4}x$ D (2|____)

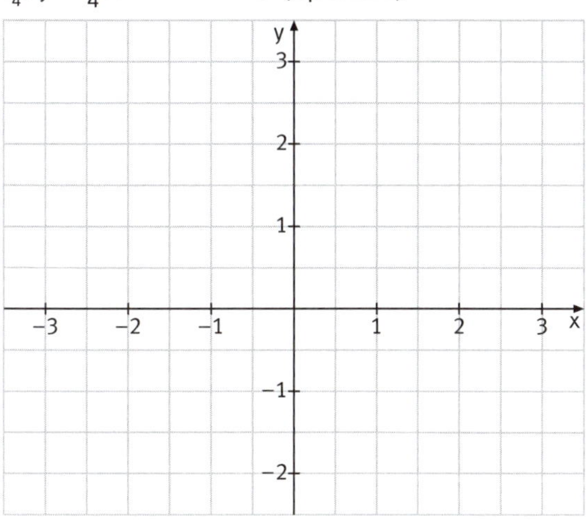

b) f_1: $y = \frac{2}{3}x$ A (____|____)

f_2: $y = -3x$ B (____|____)

f_3: $y = -0{,}4x$ C (____|____)

f_4: $y = 0$ D (____|____)

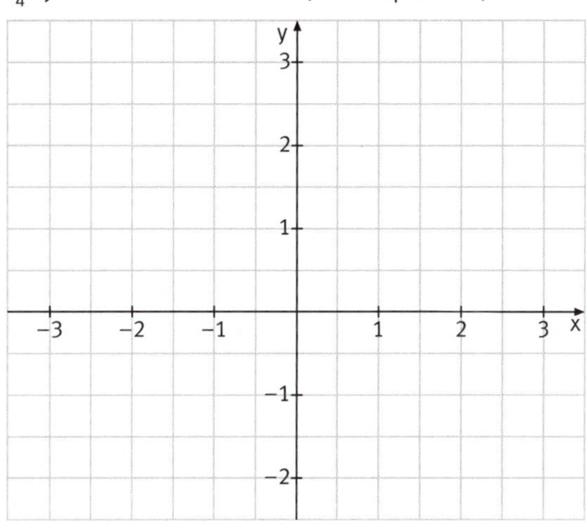

1 Lies aus den Geradengleichungen jeweils die Steigung m ab, verwandle sie gegebenenfalls in einen Bruch und zeichne dann die zugehörige Gerade mithilfe eines Steigungsdreiecks.

g_1: $y = -1{,}5x$

m = ______ = ______

g_2: $y = 0{,}4x$

m = ______ = ______

g_3: $y = -\frac{2}{3}x$

______

g_4: $y = 0{,}75x$

______

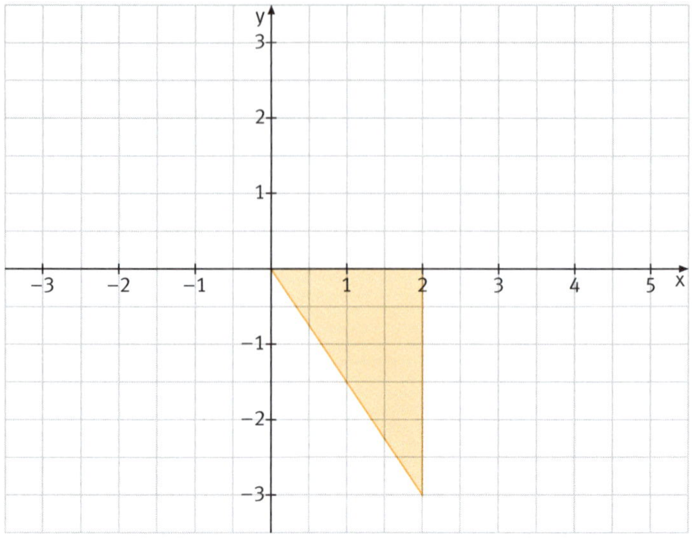

2 Gib jeweils die Steigung der Geraden und die Geradengleichung an.

a)

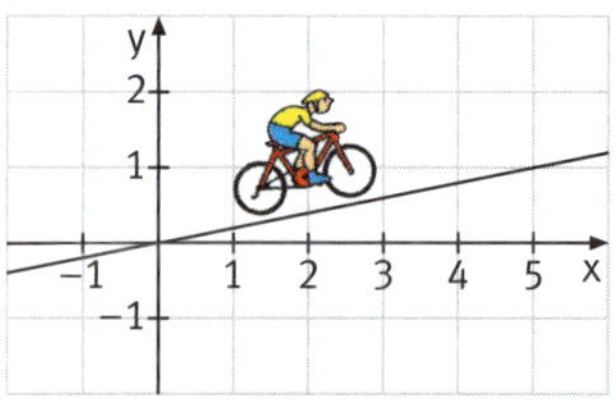

b)

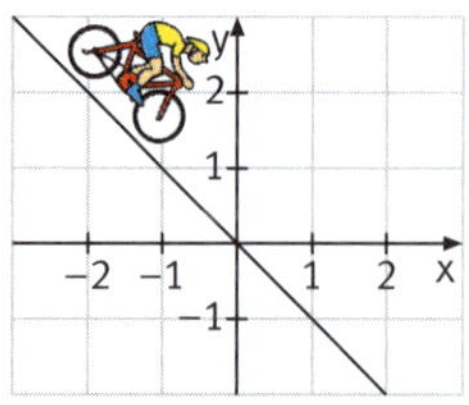

c)

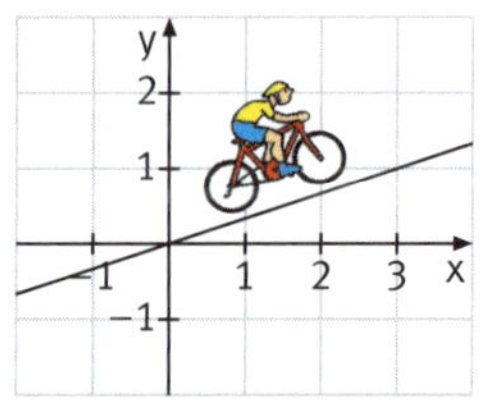

d)

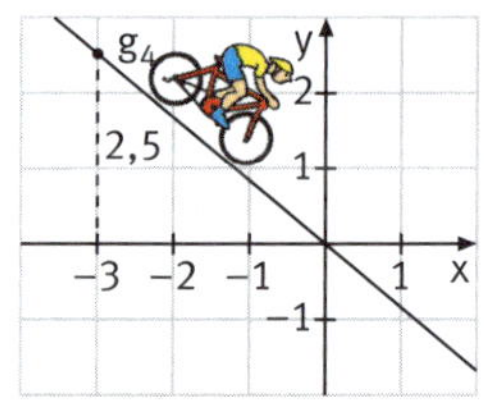

m_1 = ______ m_2 = ______ m_3 = ______ m_4 = ______

g_1: y = ______ g_2: y = ______ g_3: y = ______ g_4: y = ______

b) Aus den Skizzen anderer „Radwege“ haben sich weitere Steigungen ergeben:

Weg 1	Weg 2	Weg 3	Weg 4	Weg 5	Weg 6
$m_1 = -0{,}25$	$m_2 = \frac{1}{4}$	$m_3 = 0$	$m_4 = -0{,}8$	$m_5 = -2$	$m_6 = -\frac{4}{5}$

1 Bei welchen Wegen fährt der Radfahrer …

bergab? ______ bergauf? ______ in der Ebene? ______

2 Welche Wege sind gleich steil? ______

3 Die gegebenen Punkte liegen jeweils auf einer Ursprungsgerade. Bestimme zunächst den Steigungsvektor und dann die Steigung. Gib dann die Geradengleichung an.

a) A (−2|2,6)

$\overrightarrow{OA} = \left(\; \right)$

m = ―― = ______

g: y = ______

b) B (−1,2|−3)

$\overrightarrow{OB} = \left(\; \right)$

______

______

c) P (1|−3,2) und Q (−5|16)

$\overrightarrow{PQ} = \left(\; - \; \right) =$ ______

______

______

1 Lies aus der Geradengleichung den y-Achsenabschnitt t und die Steigung m ab. Gib die Steigung auch als Bruch an und zeichne dann die Geraden mithilfe eines Steigungsdreiecks.

	t	m
g_1: y = −0,5x − 1	−1	
g_2: y = x + 2		
g_3: y = −1,5x + 1		
g_4: y = 0,25x		

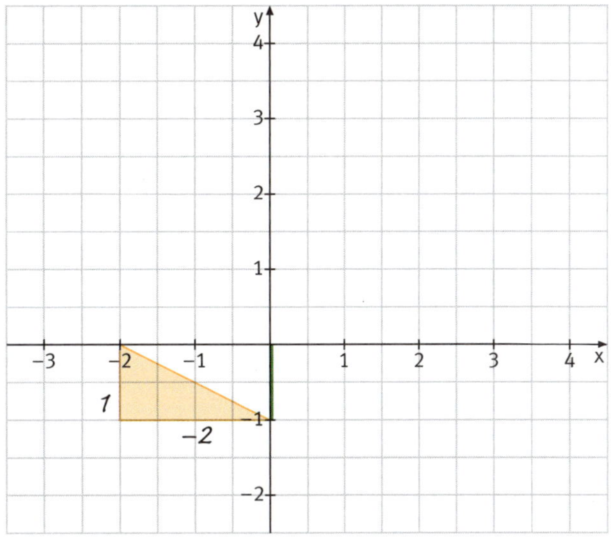

2 Ordne jeder Geradengleichung einen Graphen sowie einen Punkt auf dem zugehörigen Graphen zu und bestimme die Nullstelle (NST).

A (−2|−3) B (5|3,5) C (4|−7) D (6|8) E (3,5|8) F (8|−6)

y = −2x + 1	y = 0,5x + 1	y = −1x + 2	y = 1 + 2x
NST: x = 0,5	NST:	NST:	NST:

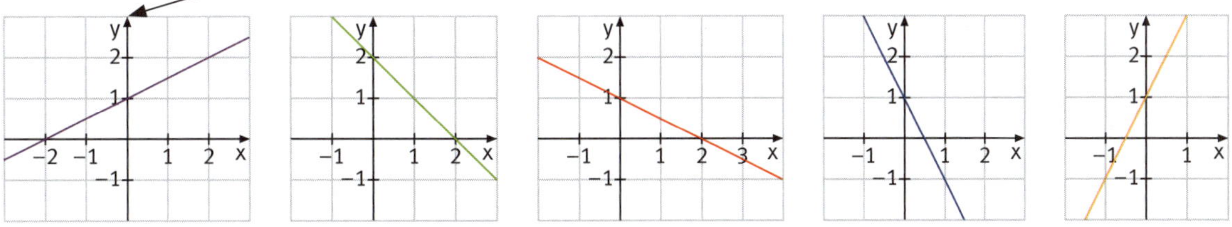

3 Bestimme die Gleichung der Gerade in Normalform.

a) Gerade g mit m = 4 und P (−3|−10,5) ∈ g

b) h = AB mit A (2|−1,8) und B (−1|5,4)

$\overrightarrow{AB}$ =

⇒ m =

1 Die gesuchte Gerade g verläuft durch den gegebenen Punkt und besitzt die Steigung m.

a) Gib die Gleichung der Gerade in Punkt-Steigungs-Form (PSF) und in Normalform (NF) an.

	G (5|1,5), m = 0,75	E (2|−9), m = −4	R (0|6), m = $\frac{1}{3}$
PSF	g: y = ☐ (x − ☐) + ☐	g: y = ☐ (x − ☐) + ☐	
NF	g: y = ☐ · x − ☐ · ☐ + ☐ g: y =		

b) Vervollständige die Lücken.

	A (☐ |0), m = ☐	D (____|____), m = ____	E(0|____), m =
PSF	g: y = ☐ (x − ☐) + ☐	g: y = −(x + 3) + 7	g:
NF	g: y = −1,2x + 3,6	g: g:	g: y = $\frac{2}{7}$x

2 Die Gerade g verläuft durch die Punkte A und B. Berechne zunächst jeweils die Steigung der Gerade und bestimme dann die Geradengleichung in Normalform.

a) A (−2|8) und B (4|−7)

$m = \frac{y_B - y_A}{x_B - x_A} = \frac{\square}{\square} = \frac{\square}{\square} = \square$

m = ________ in g: y = ____________

A (−2|____) in g: ____________

t = ____________

g: y = ____________

b) A (−5|−4) und B (5|2)

3 Forme die Funktionsgleichungen in die Normalform um und entscheide, auf welcher der zugehörigen Geraden die gegebenen Punkte liegen.

a) g_1: 3x − 0,5y + 2 = 0

b) g_2: y = −18 − 2 (x − 7)

c) g_3: $\frac{1}{4}$y = $\frac{4}{5}$ (7 + x) − 5 | · 4

P (−2|−4) ∈ ________ L (1|10) ∈ ________ U (−1|−2) ∈ ________ S (1|−6) ∈ ________

1 In den gelben Kästchen stehen Funktionsgleichungen, die eine Gerade g beschreiben.
Markiere grün alle Geradengleichungen, die zu g parallele Geraden beschreiben, und blau alle Geradengleichungen, die zu g senkrechte Geraden darstellen.

a)

$y = -5\,(x + 1)$	$y = -5x - 1$	$y = 5 + 0{,}2x$
$y = -0{,}2x$	g: $y = 0{,}2x + 3$	$y = 0{,}2$
$y = \frac{1}{5}x$	$y = 5x + 2$	$y = 2{,}0x + 5$

b)

$y = x \cdot (-2)$	$y = 1 - (x + 2)$	$y + 2x = 0$
$y = -x + 3$	g: $y = -(x + 2)$	$x = y + 1$
$y = 4 + x$	$x + y = 1$	$y = -1$

2 Die Geraden g_1 und g_2 sind jeweils orthogonal, die Geraden g_1 und g_3 sind parallel.
Gib die Steigung von g_1 sowie die passenden Steigungen für g_2 bzw. für g_3 an.

	a)	b)	c)	d)
	g_1: $y = -\frac{2}{3}x$	g_1: $y = 4x + 5$	g_1: $y = -7x - 2$	g_1: $y = 0{,}4\,(x - 3)$
	$m_1 =$			
$g_2 \perp g_1$	$m_2 =$			
$g_3 \parallel g_1$	$m_3 =$			

3 Entnimm der Zeichnung die Koordinaten des Büschelpunktes B und gib dann die Gleichung des Geradenbüschels g (m) an.

a)

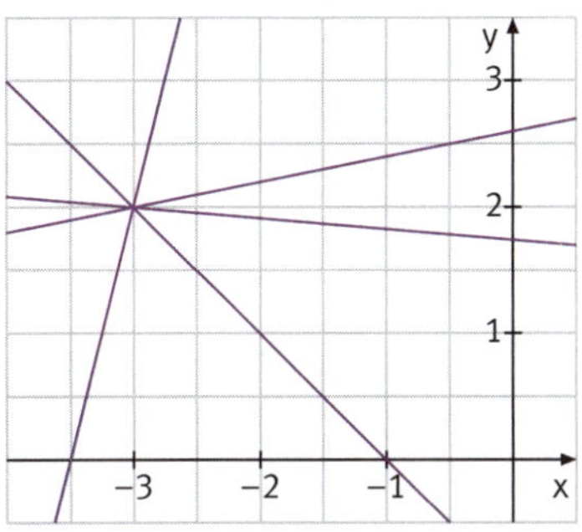

B (______|______)

g (m): y = ________________

b)

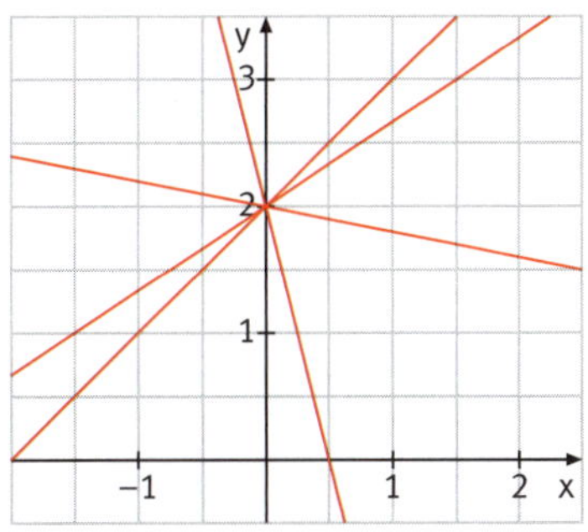

B (______|______)

g (m): y = ________________

c)

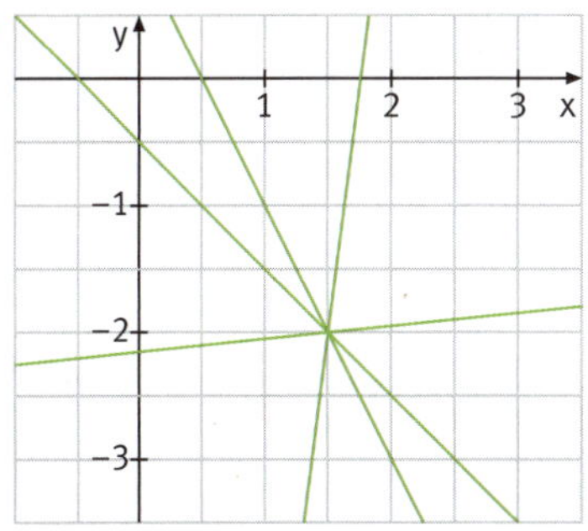

B (______|______)

g (m): y = ________________

4 Die Gerade g (2): $y = -0{,}5x + 2$ gehört zur Parallelenschar g (t).

a) Gib die Gleichung der Parallelenschar g (t) an.

g (t): y = ________________

b) Gib die Gleichungen der Geraden g (0), g (1) und g (−1,5) an und zeichne die Geraden in das Koordinatensystem.

g (0): y = ________________

g (1): y = ________________

g (−1,5): y = ________________

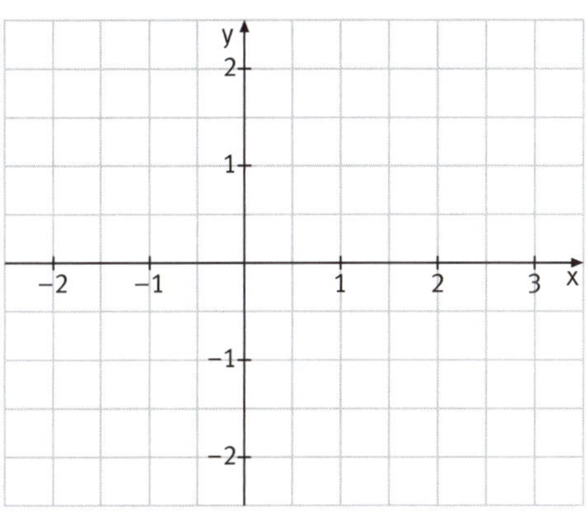

c) Für welchen Wert von t verläuft die zugehörige Schargerade durch den Punkt Q (2|−6)? t = ________________

1 Entscheide zuerst für jede Funktionsgleichung, in welchen Quadranten (I und III bzw. II und IV) die zugehörigen Graphen verlaufen müssen. Ordne dann die gezeichneten Graphen den Funktionsgleichungen zu.

	I–III	II–IV	
$y = \frac{0,5}{x}$	×		
$y = \frac{-3,5}{x}$			
$y = \frac{-8}{x}$			
$y = \frac{3}{x}$			f_1
$y = \frac{-1}{x}$			
$y = \frac{7}{x}$			

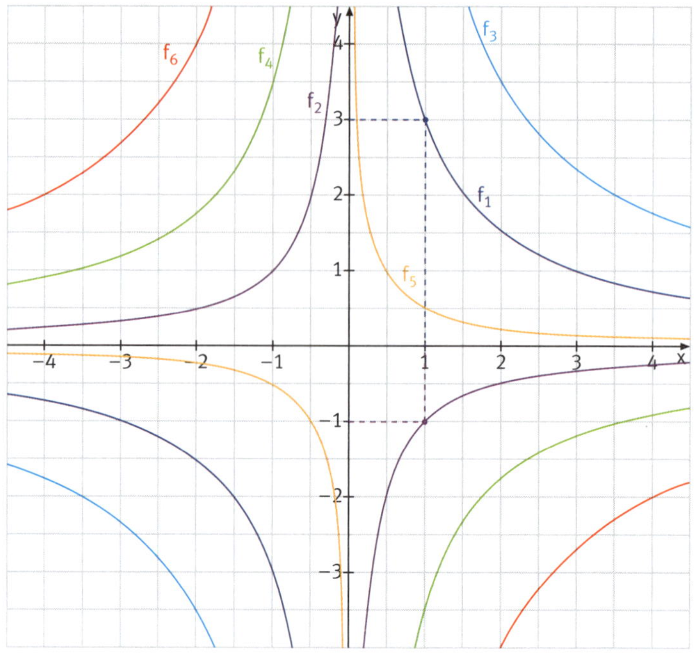

2 Alle gegebenen Punkte gehören zu einer Funktion der Form $y = \frac{k}{x}$ ($\mathbb{G} = \mathbb{Q} \times \mathbb{Q}$; $k \in \mathbb{Q} \setminus \{0\}$).
Ordne jedem Punkt den passenden Wert für k zu.

A (0,5|0,4) B (4|−1,25) C (0,25|2) D (−2,5|−4) E (0,25|3) F (0,2|4)

$k = \frac{1}{2}$ $k = -3$ $k = -5$ $k = \frac{4}{5}$ $k = 0,2$ $k = \frac{3}{4}$ $k = 10$

G (−0,5|10) H (0,5|−6) I (−0,1|−5) J (−25|−0,4) K (0,75|1) A (0,02|10)

3 Auf der linken Seite eines insgesamt 100 cm langen, zweiarmigen Hebels wird ein Massestück befestigt. Um den Hebel im Gleichgewicht zu halten, wird auf der rechten Seite des Hebels eine Kraft $\vec{F_R}$ ausgeübt (Maßzahl y). Diese Kraft $\vec{F_R}$ muss umso größer sein, je kleiner der Hebelarm x (Abstand vom Drehpunkt zum Angriffspunkt der Kraft) ist.

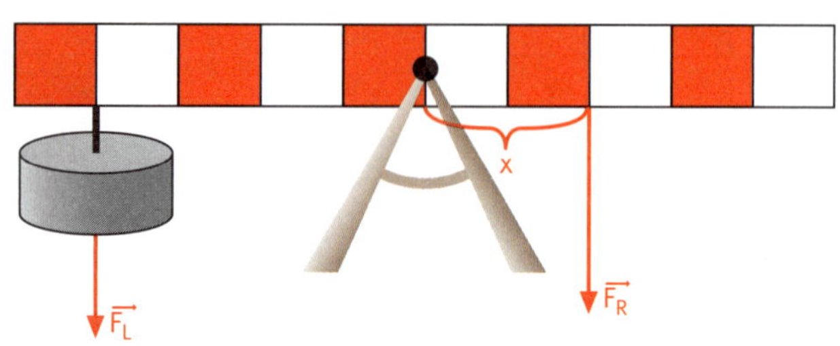

a) Bei einem Versuch wurden schon die ersten Messergebnisse in eine Tabelle eingetragen. Welche weiteren Werte sind zu erwarten?

x in cm	12	16	10		3	
y in N	40	30		96		15

b) Gib den Proportionalitätsfaktor k (als Maßzahl) an. k = ___________

c) Mit welcher Funktionsgleichung lässt sich der Zusammenhang zwischen der Maßzahl x des Hebelarmes und der Maßzahl y der nötigen Kraft $\vec{F_R}$ darstellen? ___________

d) Gib die Definitionsmenge für x an. $\mathbb{D}$ = ___________

1 Gib einen passenden Ergebnisraum an.

a) Ein Buchstabenwürfel mit den Buchstaben F, E, R, I, E und N wird einmal geworfen.

____

b) Aus einem Topf, in dem sich ein Gewinnlos und neun Nieten befinden, wird ein Los gezogen.

____

c) Eine zufällig ausgewählte Person wird gefragt, auf welchen Wochentag der Tag ihrer Geburt fiel.

____

2 Ein Dodekaederwürfel, dessen Begrenzungsflächen mit den Zahlen 1 bis 12 beschriftet sind, wird geworfen. Betrachtet wird $\Omega = \{1; 2; 3; ...; 12\}$.

a) Notiere alle Teilmengen des Ergebnisraums, die Elementarereignisse darstellen.

____

b) Schreibe folgende Ereignisse als Menge:

1 A: „Die gewürfelte Zahl ist ein Vielfaches von 2." ______________

2 B: „Die gewürfelte Zahl ist durch 3 teilbar." ______________

3 C: „Die gewürfelte Zahl ist keine Primzahl." ______________

3 Beschreibe ein Zufallsexperiment, bei dem sich als Ergebnisraum betrachten lässt:
$\Omega = \{\text{Joker; kein Joker}\}$.

____

____

____

4 Der abgebildete Glückskreisel wird gedreht. Verbinde jeweils Ereignis und zugehöriges Gegenereignis.

Ereignis	Gegenereignis
Man erhält die Farbe Rosa.	Man erhält eine Zahl größer als 2.
Man erhält die 1.	Man erhält 1 oder 4.
Man erhält Grün oder Blau	Man erhält mindestens eine 2.
Man erhält höchstens eine 2.	Man erhält nicht die Farbe Rosa.

5 Erkläre anhand des Beispiels „Werfen einer Münze", was man unter einem sicheren Ereignis versteht.

____

____

____

1 Welche Bedingungen müssen erfüllt sein, damit es sich bei einem Zufallsexperiment um ein Laplace-Experiment handelt? Erläutere.

2 Für den 100-m-Lauf werden die acht Startbahnen verlost.

a) Ist die Annahme, dass es sich dabei um ein Laplace-Experiment handelt, gerechtfertigt, wenn der Ergebnisraum Ω = {Außenbahn; Innenbahn} betrachtet wird? Begründe.

b) Gib einen Ergebnisraum an, bei dem die Annahme, dass es sich um ein Laplace-Experiment handelt, gerechtfertigt ist.

3 In einer Schublade befinden sich drei bis auf die Farbe identische Zahnpasta-Tuben: eine rote ungeöffnete, eine blaue ungeöffnete sowie eine grüne geöffnete. Eine Tube wird zufällig gezogen.

a) Welcher Ergebnisraum könnte betrachtet werden? Gib zwei verschiedene Möglichkeiten an.

1 ______ 2 ______

b) Bei welchen der von dir betrachteten Ergebnisräume ist die Annahme, dass es sich um ein Laplace-Experiment handelt, gerechtfertigt?

4 Aus einer Schachtel, in der sich Eier mit weißer und mit brauner Schale befinden, wird ohne hinzusehen ein Ei entnommen und die Farbe seiner Schale betrachtet.

Hat Franz Recht? Begründe.

1 Ein gewöhnlicher Spielwürfel wird geworfen. Schreibe folgende Ereignisse als Menge und gib die zugehörige Wahrscheinlichkeit an.

a) E_1: „Die gewürfelte Zahl ist ungerade.“

b) E_2: „Die gewürfelte Zahl ist größer als vier.“

2 Ganove Edi hat die Kreditkartendaten von Lord Master ausspioniert. Als er auf dessen Kosten eine Bestellung im Internet durchführen will, wird er aufgefordert, die auf der Kartenrückseite stehende 3-stellige Prüfnummer einzugeben. Diese fehlt ihm!

a) Welche kleinstmögliche (größtmögliche) Zahl könnte die Prüfnummer sein? ______

b) Wie viele unterschiedliche Prüfnummern sind demnach möglich? ______

c) Ganove Edi probiert sein Glück, indem er zufällig eine 3-stellige Zahl eingibt. Wie groß ist die Wahrscheinlichkeit, dass er die korrekte Prüfnummer erwischt? ______

3 Wie groß schätzt du die Wahrscheinlichkeit, dass eine auf der Straße zufällig ausgewählte Person am gleichen Tag wie du selbst Geburtstag hat? Gib an, von welchen Annahmen du dabei ausgehst.

4 Auf einem Tisch liegen Schokowürfel wie abgebildet. Ohne hinzusehen wird einer davon genommen.

a) Welcher Ergebnisraum könnte betrachtet werden? Gib zwei verschiedene Möglichkeiten an.

1 ______

2 ______

b) Bei welchen der von dir betrachteten Ergebnisräume ist die Annahme, dass es sich um ein Laplace-Experiment handelt, gerechtfertigt? ______

c) Ermittle die Wahrscheinlichkeit folgender Ereignisse.

1 E_1: „Der genommene Schokowürfel ist aus Nougat.“ ______

2 E_2: „Der genommene Schokowürfel hat die Farbe Grün.“ ______

3 E_3: „Der genommene Schokowürfel ist nicht aus Krokant.“ ______

d) Formuliere in Worten ein unmögliches Ereignis E_4.

1 Auf 26 kleinen Zetteln, die alle identisch aussehen, steht jeweils einer der Buchstaben des Alphabets. Ein Zettel wird zufällig gezogen. Vervollständige die Tabelle.

Ereignis E	zugehöriges Gegenereignis $\bar{E}$	P (E)	P ($\bar{E}$)
Auf dem gezogenen Zettel steht ein S.			
Auf dem gezogenen Zettel steht ein Vokal.			
Auf dem gezogenen Zettel steht einer der Buchstaben des Wortes „Patricia“.			

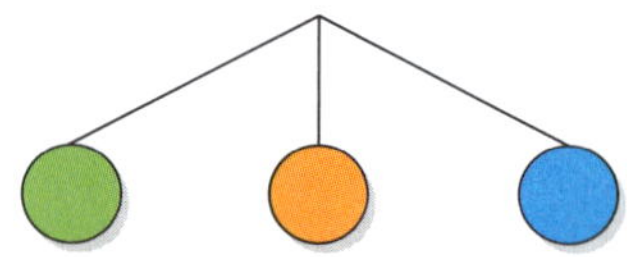

2 An einem Glücksrad wird einmal gedreht. Das Baumdiagramm zeigt die möglichen Ausgänge dieses Zufallsexperiments.

a) Kennzeichne farbig, wie das Glücksrad bemalt sein könnte, wenn ...

1 alle möglichen Ergebnisse gleich wahrscheinlich sind.

2 eines der drei möglichen Ergebnisse doppelt so wahrscheinlich wie jedes der beiden anderen ist.

b) Was meinst du zu Petras Aussage? Erläutere.

3 Ein Bierfilz wird zweimal hintereinander in die Luft geworfen. Betrachtet wird jeweils, welche Seite bei der Landung oben liegt (● oder ●). Welches der beiden Ergebnisse ist bei diesem Zufallsexperiment wahrscheinlicher? Oder sind beide gleich wahrscheinlich? Begründe deine Meinung.

1 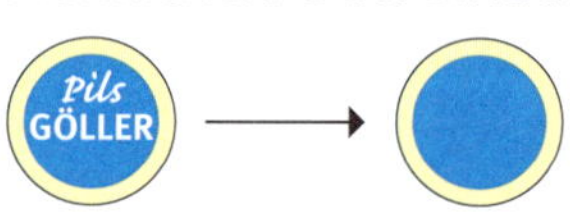

2 

1 Kreuze an, mit welchen drei gegebenen Seiten man ein Dreieck zeichnen kann.

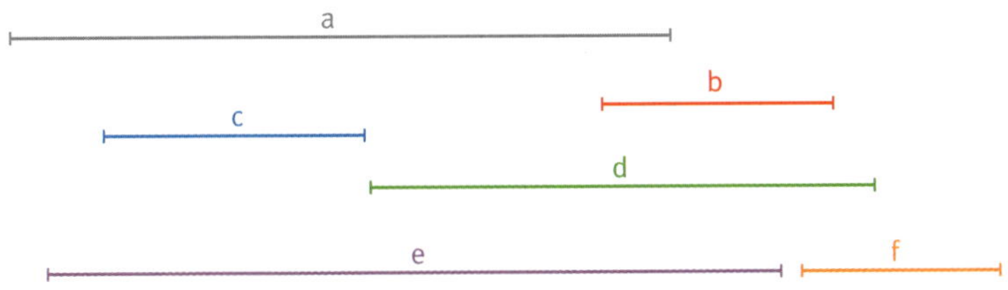

◯ a, b und c
◯ b, c und f
◯ b, d und e
◯ a, e und f
◯ c, d und f

2 Mit den angegebenen Größen lässt sich das Dreieck ABC nicht zeichnen. Dabei wird auch jeweils ein geometrischer Zusammenhang offensichtlich nicht erfüllt, der für Dreiecke gelten muss. Kreuze diesen Zusammenhang an.

	Größen	Seite-Winkel-Beziehung	Dreiecks-ungleichung	Innenwinkelsumme im Dreieck
a)	a = 3,0 cm; b = 2,2 cm; c = 4,0 cm $\alpha = 47°$; $\beta = 33°$; $\gamma = 101°$	◯	◯	◯
b)	a = 5,7 cm; b = 3,5 cm; c = 3,2 cm $\alpha = 33°$; $\beta = 117°$; $\gamma = 30°$	◯	◯	◯
c)	a = 2,3 cm; b = 4,6 cm; c = 4,6 cm $\alpha = 25°$; $\beta = 78°$; $\gamma = 77°$	◯	◯	◯
d)	a = 5,6 cm; b = 2,4 cm; c = 3,2 cm $\alpha = 95°$; $\beta = 37°$; $\gamma = 48°$	◯	◯	◯
e)	a = 2,4 cm; b = 5,5 cm; c = 6,0 cm $\alpha = 24°$; $\beta = 67°$; $\gamma = 90°$	◯	◯	◯

3 Bei einem Dreieck ABC sind zwei Bestimmungsstücke bereits eingezeichnet.
Vervollständige das Dreieck mit dem weiteren Bestimmungsstück. Beschreibe dein Vorgehen.

a) c = 4,3 cm; $\alpha = 40°$; a = 3,8 cm

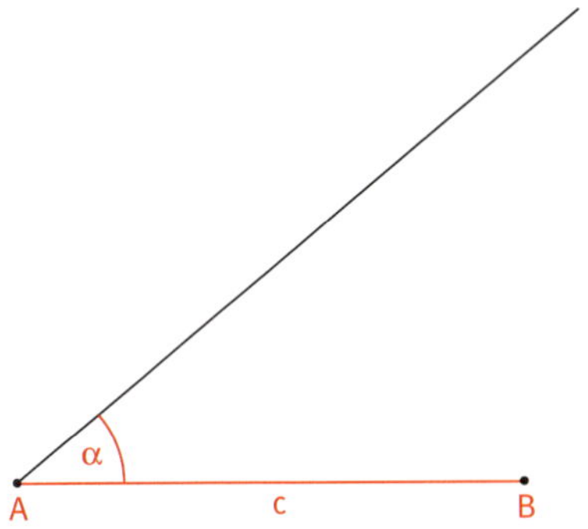

Beschreibung:

____

____

____

____

b) c = 5,1 cm; b = 3,4 cm; a = 2,6 cm

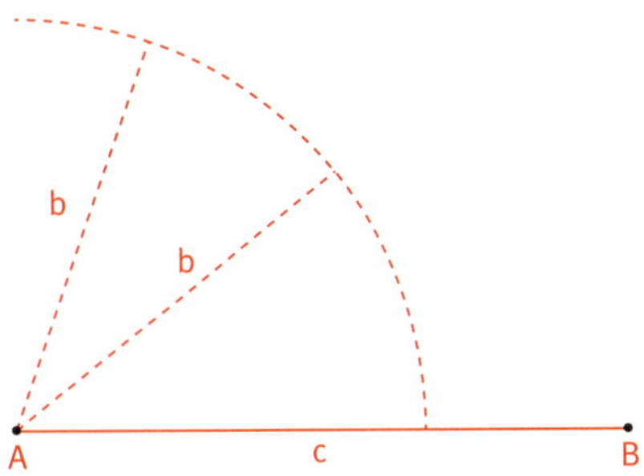

Beschreibung:

____

____

____

____

1 Vervollständige die Konstruktionen.

a) $a = 3$ cm; $b = 4$ cm; $c = 5$ cm

Planfigur (SSS):

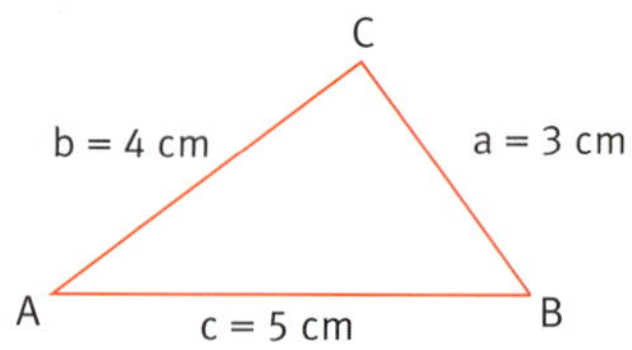

Zeichnung:

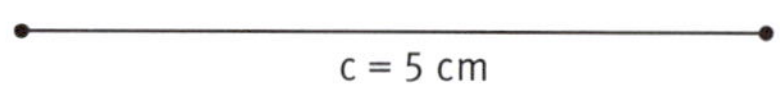

Beschreibung:

1. Festlegen der Strecke [AB] mit $c = 5$ cm
2. Zeichne k_1 (A; $r = b = 4$ cm).
3. ______________________________
4. ______________________________

b) $\alpha = 90°$; $\beta = 60°$; $b = 3{,}5$ cm

Planfigur (____________):

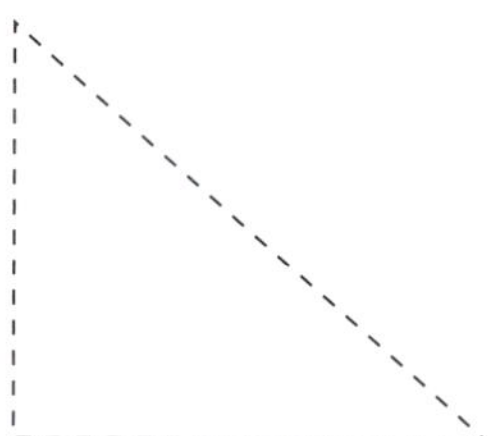

Zeichnung:

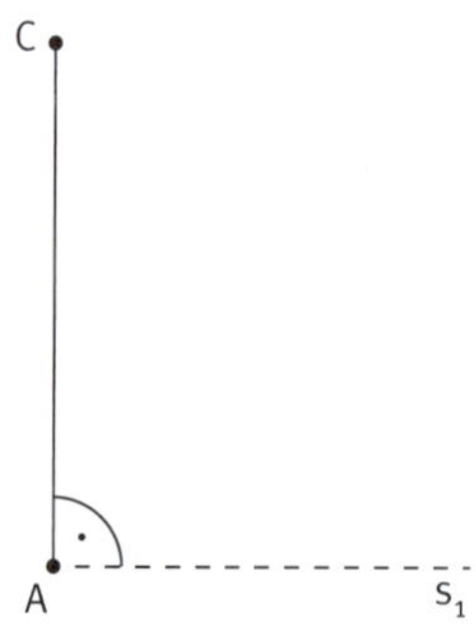

Beschreibung:

1. $\gamma = 180° - \alpha - \beta$
   $\gamma = 180° - 90° - 60° = 30°$
2. Festlegen der Strecke [AC] mit $b = 3{,}5$ cm
3. Antragen des Winkels mit $\alpha = 90°$ in A an [AC], freier Schenkel s_1
4. ______________________________
5. ______________________________

c) $c = 4{,}5$ cm; $a = 6$ cm; $\beta = 50°$

Planfigur (____________): Zeichnung:

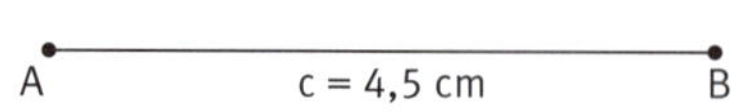

Beschreibung:

1. ______________________________
2. ______________________________
3. ______________________________
4. ______________________________

1 Konstruiere das Dreieck und benenne den verwendeten Kongruenzsatz.

a) 1. Festlegen der Strecke [AB] mit c = 4 cm
2. Antragen des Winkels mit β = 40° in B an [AB], freier Schenkel s
3. Zeichne k (B; r = a = 4,5 cm).
4. s ∩ k = {C}

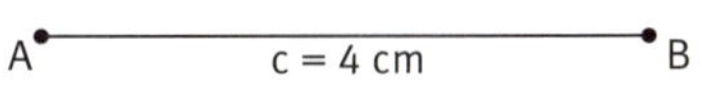

Kongruenzsatz: ________

b) 1. Festlegen der kürzeren Strecke [AC] mit b = 3,5 cm
2. Antragen des Winkels mit γ = 70° in C an [AC], freier Schenkel s
3. Zeichne k (A; r = c = 4,0 cm).
4. s ∩ k = {B}

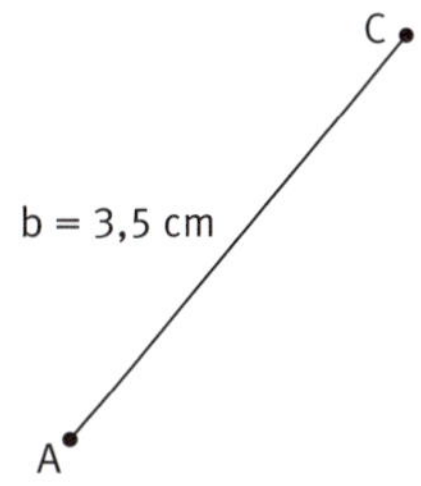

Kongruenzsatz: ________

2 Welche „Dreiecke" können konstruiert werden? Erstelle eine Planfigur und benenne den Kongruenzsatz, falls möglich.

	a) a=5 cm; b=3 cm; γ=50°	**b)** α=40°; β=60°; γ=80°	**c)** b=5,1 cm; α=45°; γ=70°
Planfigur, Kongruenzsatz			
	d) c=5,1 cm; α=45°; β=65°	**e)** b=30 cm; c=66 cm; γ=98°	**f)** a=3,5 km; c=5 km; β=51°
Planfigur, Kongruenzsatz			

3 Bei der Vermessung eines Teichs haben Kathrin und Engin eine Skizze gemacht und darin die Messdaten eingetragen. Wie groß ist die Entfernung zwischen den Bäumen? Zeichne im Maßstab 1 : 1000.

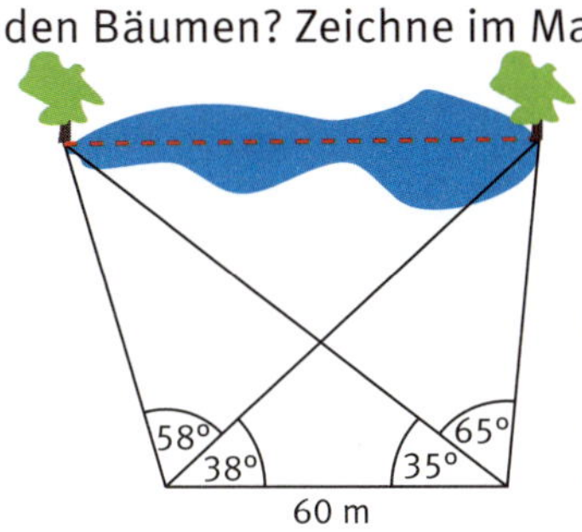

Die Bäume sind ______ m voneinander entfernt.

Vierecke untersuchen

1 Kreuze an, ob das Viereck konvex oder konkav ist. Benenne das Viereck.

a) 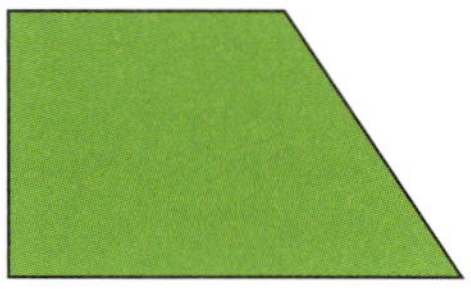

◯ konvex
◯ konkav

______

b) 

◯ konvex
◯ konkav

______

c) 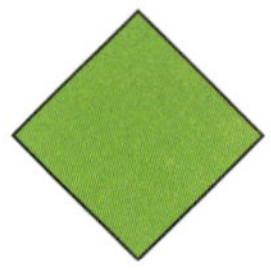

◯ konvex
◯ konkav

Quadrat

d) 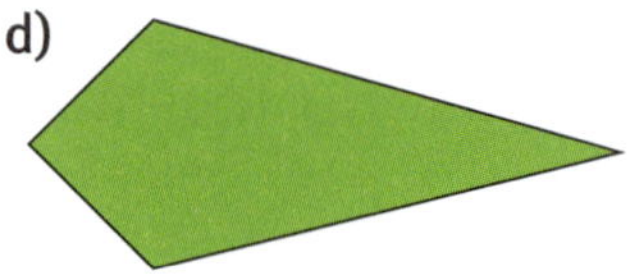

◯ konvex
◯ konkav

______

2 Verbinde die Punkte auf verschiedene Arten zu einem konvexen Viereck. Bestimme die Anzahl unterschiedlicher Vierecke.

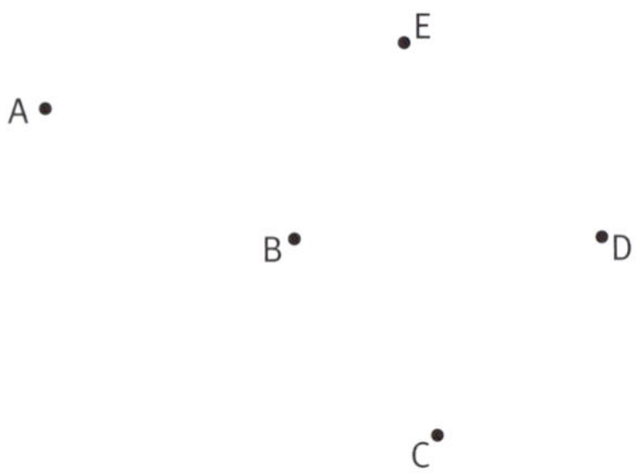

Konvexe Vierecke: *Viereck ABDE,* ______

______

______

Anzahl verschiedener konvexer Vierecke: ______

3 Vervollständige die Konstruktion des Vierecks ABCD mit $\overline{AD} = 3{,}5$ cm, $\overline{AB} = 3$ cm, $\overline{BC} = 2{,}5$ cm, $\alpha = 90°$ und $\delta = 60°$.

Planfigur:

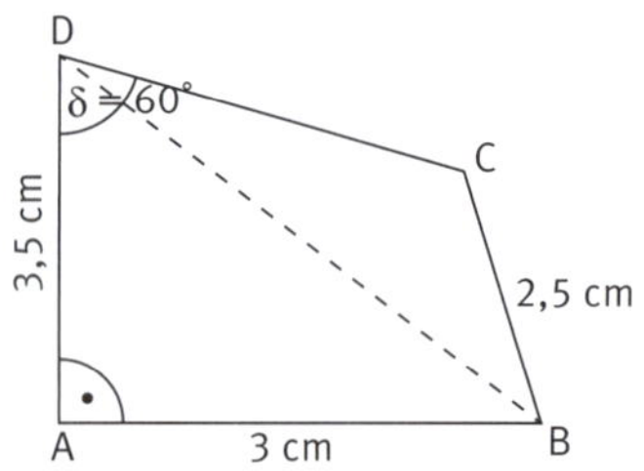

Zeichnung:

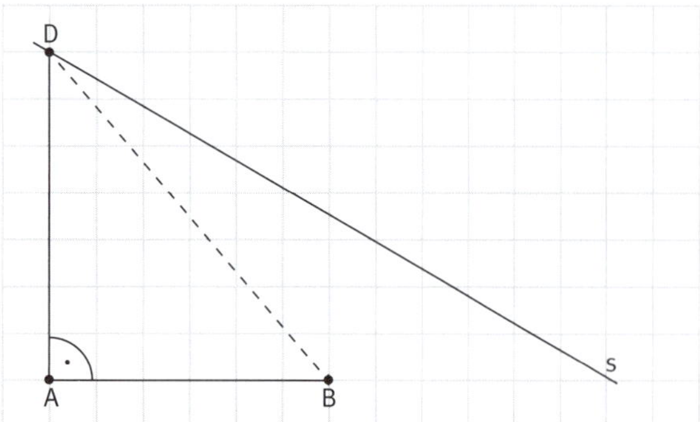

Beschreibung:

1. *Konstruiere ΔABD nach dem Kongruenzsatz SWS.*

2. *Antragen des Winkels mit δ = 60° in D an [AD], freier Schenkel s*

3. ______

4. ______

Es gibt bei der Konstruktion …
◯ eine Lösung.
◯ zwei nicht kongruente Lösungen.

1 Kreuze an, welches Viereck sich hinter der Mauer verbergen kann. Es kann mehrere Lösungen geben.

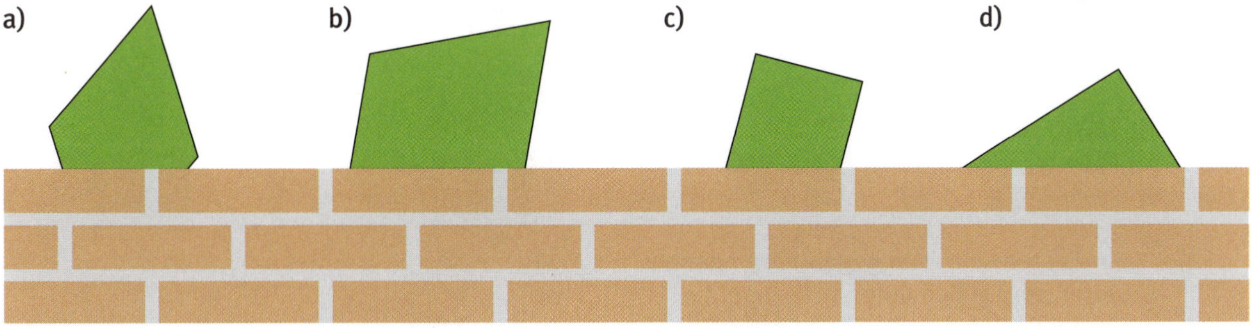

a)	b)	c)	d)
◯ Drachenviereck	◯ Trapez	◯ Trapez	◯ Drachenviereck
◯ Parallelogramm	◯ Parallelogramm	◯ Drachenviereck	◯ Parallelogramm
◯ Raute	◯ Rechteck	◯ Rechteck	◯ Raute
◯ Rechteck	◯ Quadrat	◯ Quadrat	◯ Quadrat

2 Benenne das gesuchte Viereck. Es kann mehrere Lösungen geben.

	Das Viereck ist ein ...	Bezeichnung
a)	Drachenviereck mit vier gleich langen Seiten.	
b)	Trapez mit vier gleich großen Winkeln.	
c)	Parallelogramm mit Diagonalen, die senkrecht aufeinander stehen.	
d)	Drachenviereck, dessen Diagonalen sich jeweils halbieren.	

3 Konstruiere ein Parallelogramm ABCD mit a = 5,2 cm, b = 2,9 cm und $\gamma = 55°$.

Planfigur:

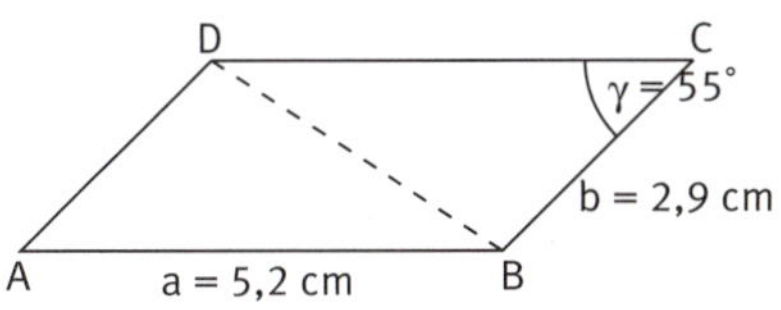

Beschreibung:

1. *Konstruktion des ΔBCD mit c = a = 5,2 cm nach SWS*
2. ______
3. ______
4. ______

Zeichnung:

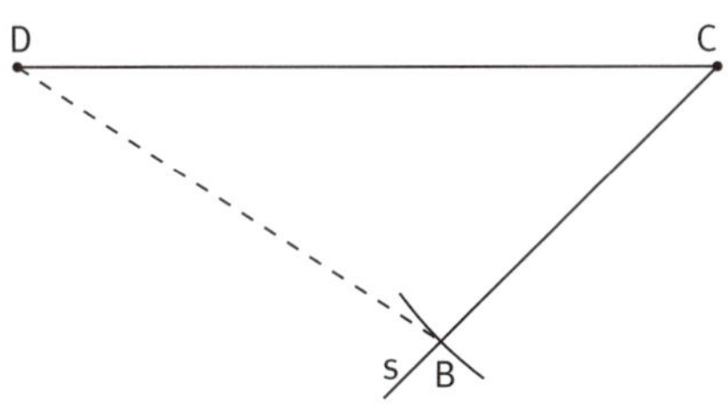

Vierecke ordnen

1 Kreuze an, wenn das Viereck die entsprechende Eigenschaft hat.

	Eigenschaft	allgemeines Trapez	gleichschenkliges Trapez	Drachenviereck	Parallelogramm	Rechteck	Raute	Quadrat
a)	Mindestens ein Paar gegenüberliegende Seiten sind gleich lang.	○	○	○	○	○	○	○
b)	Mindestens ein Paar benachbarter Seiten ist gleich lang.	○	○	○	○	○	○	○
c)	Mindestens ein Paar Seiten liegt parallel zueinander.	○	○	○	○	○	○	○
d)	Zwei Paar Seiten liegen parallel zueinander.	○	○	○	○	○	○	○
e)	Gegenüberliegende Winkel sind gleich groß.	○	○	○	○	○	○	○
f)	Mindestens ein Paar benachbarter Winkel sind gleich groß.	○	○	○	○	○	○	○

2 In einem Ordnungsdiagramm zeigen die Pfeile von einem Viereck auf ein anderes Viereck der nächsthöheren Ebene, wie es sich im „Haus der Vierecke" anordnen lässt. Dabei hat ein weiter oben stehendes Viereck jeweils eine Eigenschaft mehr als ein Viereck darunter. Vervollständige die fehlenden Vierecke.

a)

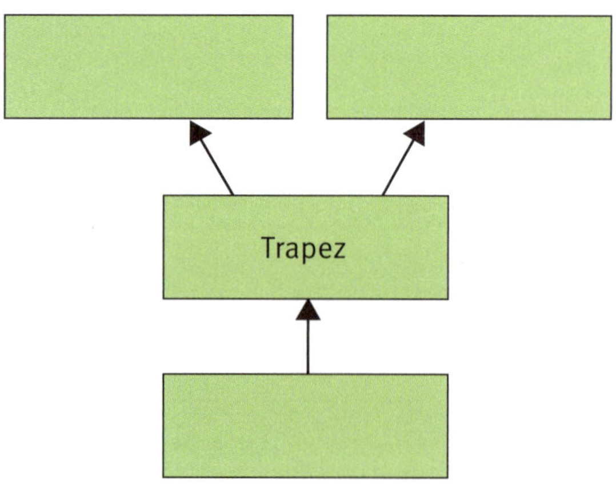

b)

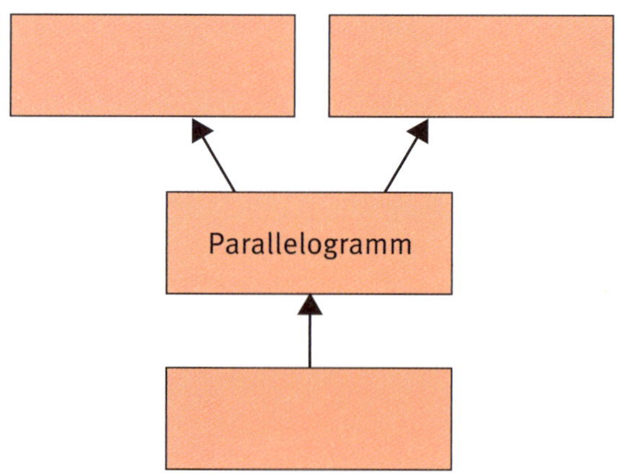

c)

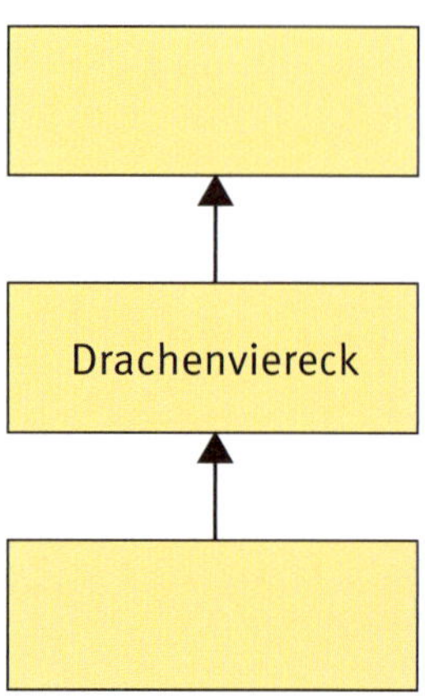

d)

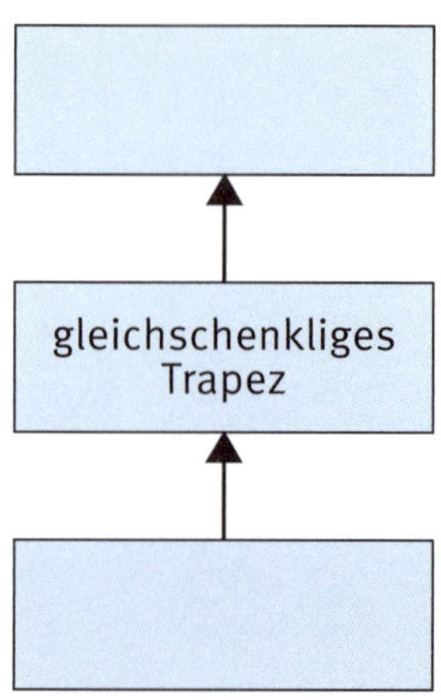

1 Der folgende Beweis zeigt, dass in einem Parallelogramm ABCD der Diagonalenschnittpunkt M die Diagonale [AC] halbiert.

Planfigur:

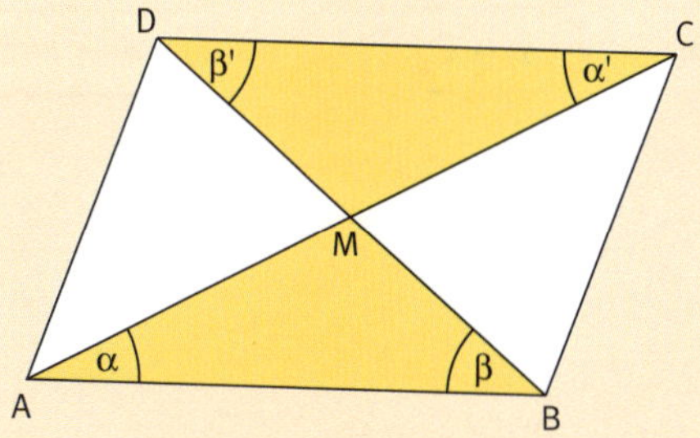

Voraussetzung:
ABCD ist ein Parallelogramm, d. h.
1. AB||CD; BC||AD
2. $\overline{AB} = \overline{CD}$; $\overline{BC} = \overline{AD}$

Behauptung: $\overline{AM} = \overline{MC}$
Beweis: Betrachte ΔABM und ΔCDM:
$\alpha = \alpha'$ nach Wechselwinkelsatz (Vor. 1)
$\overline{AB} = \overline{CD}$ nach Vor. 2
$\beta = \beta'$ nach Wechselwinkelsatz (Vor. 1)
$\Rightarrow \Delta ABM \cong \Delta CDM$ (Kongruenzsatz WSW)
Kongruente Dreiecke stimmen in allen entsprechenden Stücken überein. $\Rightarrow \overline{AM} = \overline{MC}$

Zeige bei gleichen Voraussetzungen, dass M auch die Diagonale [BD] halbiert. Betrachte dabei ΔBCM und ΔDAM. Nutze die obige Planfigur für notwendige Bezeichnungen.

Behauptung: $\overline{BM} = \overline{MD}$
Beweis: Betrachte ΔBCM und ΔDAM:

2 Zeige, dass das Dreieck ABC mit A (1|0), B(4|2) und C (2|5) rechtwinklig ist. Zeichne es.

Planfigur:

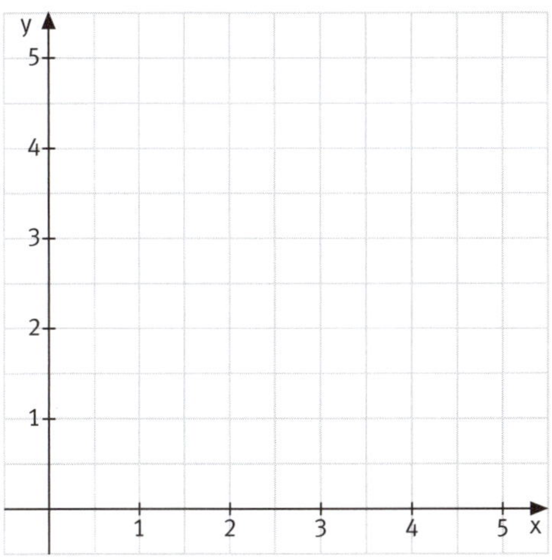

Voraussetzung: Koordinaten der Punkte A, B und C

Behauptung: [AB] ⊥ ______

Beweis:

$\overrightarrow{AB} = \left(\frac{\quad}{\quad} \right) \left(\frac{\quad}{\quad} \right)$

$\overrightarrow{BC} = \left(\frac{\quad}{\quad} \right) \left(\frac{\quad}{\quad} \right)$

1 Kreuze alle Bruchterme an. Ordne dann die Bruchterme den Definitionsmengen zu ($\mathbb{G} = \mathbb{Q}$).

○ $\frac{3}{2x-1}$ ○ $\frac{2x-1}{3}$ ○ $-\frac{3}{2}x$ ⊗ $\frac{2x}{3-x}$ ○ $\frac{1+3x}{2-3}$

$\mathbb{D} = \mathbb{Q} \setminus \{1{,}5\}$ $\mathbb{D} = \mathbb{Q} \setminus \{-1\}$ $\mathbb{D} = \mathbb{Q} \setminus \{0{,}5\}$ $\mathbb{D} = \mathbb{Q} \setminus \{0\}$ $\mathbb{D} = \mathbb{Q} \setminus \{3\}$ $\mathbb{D} = \mathbb{Q} \setminus \{-1; 1\}$

○ $\frac{3-2x}{2x-3}$ ○ $\frac{x(3-2)}{3}$ ○ $\frac{3}{2x^2-2}$ ○ $-\frac{3}{-1-x}$ ○ $\frac{x^2-3}{2(-1+3)}$

2 Bestimme die jeweiligen Definitionsmengen über den angegebenen Grundmengen.

	$\mathbb{G} = \mathbb{Q}$	$\mathbb{G} = \mathbb{Q}^+$	$\mathbb{G} = \mathbb{N}$	$\mathbb{G} = \mathbb{Z}$
$\frac{3-y}{y+3}$				
$\frac{7a}{5-2a}$				
$\frac{3+7p}{p^2-16}$				

3 Vereinfache die Terme so weit wie möglich. Bestimme die Definitionsmenge vor dem Kürzen ($\mathbb{G} = \mathbb{Q}$).

a) $\frac{18x^2}{-27x^3} =$ $\mathbb{D} = \mathbb{Q} \setminus \{\quad\}$

b) $\frac{2b-9}{-6b+27} =$

c) $\frac{12x^3-9x^2}{15x^2+12x} =$

d) $\frac{y^2-6y+9}{y^2-9} =$

4 $T_1 = 4 - x$ $T_2 = 5x$ $T_3 = 2x + 7$

Aus je zwei der gegebenen Terme soll ein Bruchterm (z. B. $\frac{T_1}{T_2}$, $\frac{T_2}{T_3}$ usw.) gebildet werden ($\mathbb{G} = \mathbb{Q}$).

Bilde nun die unten vorgegebenen Bruchterme, erweitere sie mit dem jeweils dritten Term und bestimme die Definitionsmenge nach dem Erweitern.

a) $\frac{T_1}{T_2} = \frac{4-x}{5x} = \frac{\quad}{\quad} \cdot \frac{\quad}{\quad} =$ $\mathbb{D} = \mathbb{Q} \setminus \{\quad\}$

$=$

b) $\frac{T_2}{T_3} =$ $\mathbb{D} = \mathbb{Q} \setminus \{\quad\}$

$=$

1 Finde den Hauptnenner der Bruchterme ($\mathbb{G} = \mathbb{Q}$).

a) $\frac{3}{2b}; \frac{2}{5b^2}$ — HN: $\square \cdot \square \cdot \square = \square$

b) $\frac{2-x}{12x^3}; \frac{5}{3x^5}$ — HN: $\square$

c) $\frac{2}{z^2-9} = \frac{2}{(\square - \square)\cdot(\square + \square)}; \frac{5}{6z-18} = \frac{\square}{6\cdot(\square - \square)}$ — HN: $\square$

d) $\frac{2p}{p^2+8p+16} = \frac{\square}{(\square)^{\square}}; \frac{p-7}{5p^2+20p} = \frac{\square}{\square \cdot (p+4)}$ — HN: $\square$

e) $\frac{4-x}{0{,}5x-2{,}5} = \frac{\square}{0{,}5\cdot(\square)}; \frac{x^2}{x^2-10x+25} = \frac{\square}{\square}$ — HN: $\square$

2 Faktorisiere zuerst die Nenner der Bruchterme T_1 und T_2. Finde dann den Hauptnenner von T_1 und T_2 und ihre Erweiterungsterme. Gib dann die erweiterten Bruchterme an.

	Bruchterme	Bruchterme mit faktorisiertem Nenner	Hauptnenner	Erweiterungsterm	erweiterter Bruchterm
a)	$T_1 = \frac{3}{16y^2}$	$T_1 = \frac{3}{2\cdot\square\cdot\square}$		y	$T_1 = \frac{\square\cdot y}{\square\cdot y} = \frac{\square}{\square}$
	$T_2 = \frac{5-y}{8y^3}$	$T_2 = \frac{5-y}{\square\cdot y^2\cdot\square}$			
b)	$T_1 = \frac{1}{5x^3}$	$T_1 = \frac{\square}{\square\cdot x\cdot\square}$			
	$T_2 = \frac{8}{x^2-3x}$	$T_2 = \frac{\square}{x\cdot(\square)}$			

3 Bestimme die Definitionsmenge ($\mathbb{G} = \mathbb{Q}$) und fasse so weit wie möglich zusammen.

a) $\frac{3}{2x} - \frac{6}{2x} = \square$ — $\mathbb{D} = \square$

b) $\frac{7}{5x} + \frac{8}{5x} = \frac{\square}{\square} = \frac{3}{\square}$ — $\mathbb{D} = \square$

c) $\frac{5+2a}{a-3} - \frac{7a-8}{a-3} = \square$ — $\mathbb{D} = \square$

d) $\frac{7y-9}{2y-5} + \frac{19-11y}{-5+2y} = \square$ — $\mathbb{D} = \square$

4 Ordne äquivalente Terme einander zu. Vernachlässige die Definitionsmenge.

$\frac{5}{x-5}\cdot\frac{0{,}2x-1}{x+5}$	$\frac{5}{x+5} - \frac{x-5}{x^2-25}$	$\frac{(x+5)^2}{x^2-25}$	$\frac{x^2+10x+25}{x-5} : \frac{x+5}{x^2-10x+25}$
$\frac{x+5}{x-5}$	$\frac{1}{x+5}$	$\frac{4}{x+5}$	$x^2 - 25$

1 Mache die Bruchterme gleichnamig und berechne ($\mathbb{G} = \mathbb{Q}$).

a) $\frac{3}{5y} - \frac{7}{2y^2} = \frac{3 \cdot \square}{5y \cdot \square} - \frac{7 \cdot \square}{2y^2 \cdot \square} = \frac{\square}{10y^2}$

b) $\frac{a}{2a-9} - \frac{4}{3a} =$

c) $\frac{4-x}{3x^2-5x} + \frac{11}{6x-10} = \frac{(4-x) \cdot \square}{x \cdot (\square) \cdot \square} + \frac{11 \cdot \square}{\square \cdot (\square) \cdot \square} =$

2 Bestimme jeweils die Definitionsmenge ($\mathbb{G} = \mathbb{Q}$) und vereinfache so weit wie möglich.

a) $\frac{2}{z} \cdot \frac{5}{z^2} = \frac{\square}{\square}$ $\mathbb{D} = \mathbb{Q} \setminus \{\_\_\_\_\}$

b) $\frac{-3}{x-2} \cdot \frac{5x}{4} = \frac{-3 \cdot \square}{(\square) \cdot 4} = \frac{\square}{\square}$ $\mathbb{D} =$ ________

c) $\frac{2a+1}{a-3} \cdot \frac{5}{4a} =$ $\mathbb{D} =$ ________

d) $\frac{3}{x^2+4x+4} \cdot \frac{5x+10}{6x}$ Ausklammern = bin. Formel $\frac{\square}{(\quad)^2} \cdot \frac{5 \cdot (\quad)}{\square}$ kürzen = $\frac{\square}{\square} =$

$\mathbb{D} =$ ________

e) $\frac{12-2b}{2b} \cdot \frac{18}{36-b^2} =$ $\mathbb{D} =$ ________

3 Gib jeweils die zugehörige Definitionsmenge an ($\mathbb{G} = \mathbb{Q}$).

a)	b)	c)	d)	e)
$\frac{3y}{5-y} : \frac{y+2}{y^2}$	$\frac{3+a}{2a+5} : \frac{a}{a-3}$	$\frac{0,5+x}{2x \cdot (x-2)} : \frac{x^2}{5}$	$\frac{p^3}{(4+p)^2} : \frac{7}{3p+2}$	$\frac{-19t}{t^2-4} : t^2$
$\mathbb{D} = \mathbb{Q} \setminus \{\square ; \square ; \square\}$				

4 Gib die Definitionsmenge ($\mathbb{G} = \mathbb{Q}$) an und berechne.

a) $\frac{x-3}{5x} : \frac{2x+7}{30x^2}$ Kehrwert = $\frac{\square}{\square} \cdot \frac{\square}{\square}$ kürzen = $\frac{\square}{\square} =$ $\mathbb{D} =$ ________

b) $(t-3)^2 : \frac{7t-21}{28t} =$ $\mathbb{D} =$ ________

$=$

5 Kreuze die richtigen Aussagen an. Der Hauptnenner zweier Bruchterme ...

- ◯ ist immer das Produkt der beiden Nenner.
- ◯ kann manchmal auch identisch sein mit dem Nenner einer der beiden Terme.
- ◯ $\frac{5}{x^2}$ und $\frac{2}{x}$ ist x^3.
- ◯ ist das kleinste gemeinsame Vielfache beider Nenner.

1 Welche rationalen Zahlen dürfen eingesetzt werden? Bestimme die Definitionsmenge $\mathbb{D}$ in $\mathbb{G} = \mathbb{Q}$.

a) $\frac{3x+2}{x} = 12$ $\mathbb{D} = \mathbb{Q} \setminus \{\quad\}$

b) $\frac{8}{x-3} = \frac{2x+8}{x+3}$ $\mathbb{D} = \mathbb{Q} \setminus \{\quad\}$

c) $\frac{1+x}{1-x} = \frac{1-x}{1+x}$ $\mathbb{D} =$

d) $\frac{3x+2}{x^2+1} = 5$ $\mathbb{D} =$

e) $\frac{x+5}{x^2-4} = 5$ $\mathbb{D} =$

f) $\frac{5x+2}{10} = 3x$ $\mathbb{D} =$

2 Bestimme zunächst die Definitionsmenge in $\mathbb{Q}$. Welches x löst die Gleichung? Kreuze an.

a) $\frac{4x+9}{x} = -5$ $\mathbb{D} =$

○ −2 ○ −1 ○ 1 ○ 2 ○ 3

b) $\frac{-4x+3}{2} = \frac{x}{3}$ $\mathbb{D} =$

○ $\frac{9}{14}$ ○ $\frac{10}{14}$ ○ $\frac{10}{15}$ ○ $\frac{11}{15}$ ○ $\frac{1}{3}$

c) $\frac{64}{x} = x$ $\mathbb{D} =$

○ −8 ○ −5 ○ 1 ○ 2 ○ 8

d) $\frac{-1}{x-1} = x + 1$ $\mathbb{D} =$

○ −2 ○ −1,5 ○ −1 ○ 0 ○ 1,5

3 Bestimme $\mathbb{D}$ im Bereich der rationalen Zahlen. Gib die Lösungsmenge an.

a) $\frac{4}{x} = \frac{3}{x-2}$ $\mathbb{D} =$

$\mathbb{L} =$

b) $\frac{8}{6-x} = \frac{1}{x+1}$ $\mathbb{D} =$

$\mathbb{L} =$

c) $\frac{x-1}{8x+2} = \frac{0,5x}{4x+9}$ $\mathbb{D} =$

$\mathbb{L} =$

d) $\frac{2x+9}{5x^2} = -\frac{4}{8-10x}$ $\mathbb{D} =$

$\mathbb{L} =$

1 Gib die Definitionsmenge in der angegebenen Grundmenge an und löse dann die Bruchgleichungen. Bringe die Gleichungen zuerst auf die Form $\frac{T_1}{T_2} = \frac{T_3}{T_4}$.

a) $\frac{9}{5z} - \frac{3}{5z} = \frac{2}{z+4}$ $\quad \mathbb{G} = \mathbb{Z}^-$

$\Leftrightarrow \frac{9-3}{\quad} = \frac{2}{z+4}$

b) $\frac{3+4x}{3x} + \frac{2}{x} = \frac{1}{2}$ $\quad \mathbb{G} = \mathbb{Q}_0^-$

$\Leftrightarrow \frac{3+4x}{3x} + \frac{2 \cdot \quad}{x \cdot \quad} = \frac{1}{2}$

c) $\frac{11}{2x+3} + \frac{7}{x} = \frac{4}{2x+3}$ $\quad \vert -\frac{7}{x}$ $\quad \mathbb{G} = \mathbb{Z}$

$\Leftrightarrow \frac{\quad}{\quad} = \frac{\quad}{\quad} - \frac{\quad}{\quad}$ $\quad \vert -\frac{4}{2x-3}$

$\Leftrightarrow \frac{\quad}{\quad} - \frac{\quad}{\quad} = -\frac{\quad}{\quad}$

d) $\frac{3}{5x} - 7 = -\frac{7x}{x-3}$ $\quad \mathbb{G} = \mathbb{Q}$

2 Welche Bruchgleichung gibt den beschriebenen Sachverhalt an? Bestimme die Definitions- und Lösungsmenge der passenden Gleichung.
Dividiert man die Differenz aus 2 und einer natürlichen Zahl durch die Summe aus dem Dreifachen der Zahl und 9, so erhält man $-\frac{1}{8}$.

○ $\frac{2x-9}{3+x} = -\frac{1}{8}$ ○ $\frac{2}{x} - (3x+9) = -\frac{1}{8}$

○ $\frac{2-x}{3x+9} = -\frac{1}{8}$ ○ $\frac{x-2}{3(x+2)} = -\frac{1}{8}$

1 Gegeben ist ein Quader ABCDEFGH.

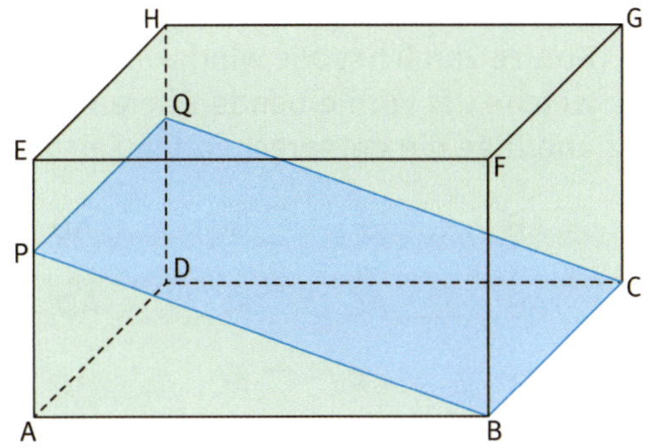

a) Markiere in der aufgeführten Liste alle Ebenen, die senkrecht auf E (QGH) stehen.

E (EPD)	E (BCP)	E (ADQ)	E (FCG)	E (ACD)
E (AFP)	E (HFG)	E (DCG)	E (ABG)	E (ADF)

b) Ordne den Ebenen E_1 jeweils echt parallele Ebenen E_2 zu.

E_1 (BCG) E_1 (CGQ) E_1 (BCD)

E_2 (PFE) E_2 (AQE) E_2 (EFH) E_2 (EPD) E_2 (ABG) E_2 (FHE)

c) Gib jeweils die Schnittmenge der Ebenen E_1 und E_2 an.

1 E_1 (ABD) ∩ E_2 (ADQ) = AD

2 E_1 (EBF) ∩ E_2 (BCD) = ______

3 E_1 (BCQ) ∩ E_2 (PFE) = ______

4 E_1 (EFH) ∩ E_2 (ACD) = ______

5 E_1 (AFE) ∩ E_2 (PBF) = ______

6 E_1 (BCQ) ∩ E_2 (ADH) = ______

7 E_1 (ABC) ∩ E_2 (BQP) = ______

8 E_1 (ADQ) ∩ E_2 (HEP) = ______

9 E_1 (ABF) ∩ E_2 (QGH) = ______

10 E_1 (AHP) ∩ E_2 (FCG) = ______

2 Im Bild ist eine gerade Pyramide ABCDS mit quadratischer Grundfläche ABCD dargestellt. Die Punkte E, F, G und H sind die Mittelpunkte der Grundseitenkanten [AB], [BC], [CD] und [DA].

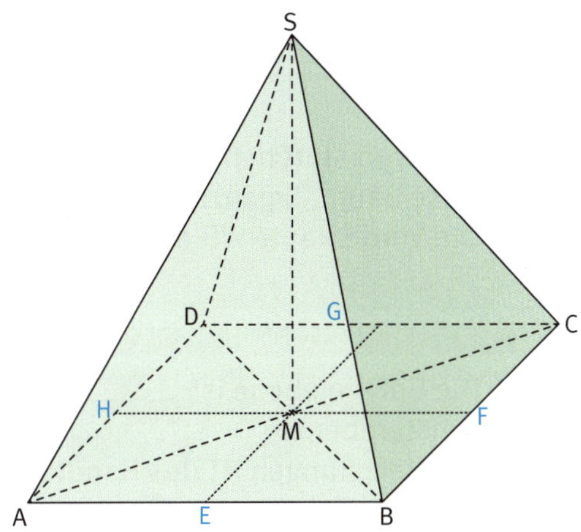

a) Wie viele unterschiedliche Ebenen mit der Büschelgerade MS gibt es?

______

b) Wie viele unterschiedliche (also nicht identische) Ebenen mit der Büschelgerade MS kann man mithilfe der eingezeichneten Punkte angeben?

______

c) Zähle die in Teilaufgabe b) gefundenen Ebenen ohne Verwendung des Punktes M auf.

______

d) Gib ohne Verwendung des Punktes M eine Büschelebene E zur Büschelgerade MS mit folgender Bedingung an:

1 E ⊥ E_1 (HFS): E (   )

2 E ⊥ E_2 (ACS): ______

e) Füge die passenden Zeichen (⊥ oder $\not\perp$) so ein, dass wahre Aussagen entstehen.

1 E_1 (BDS) ___ E_2 (ABC)

2 E_1 (BDS) ___ E_2 (HFS)

3 E_1 (BDS) ___ E_2 (ACS)

1 Gegeben ist ein gerades Dreiecksprisma ABCDEF.
Kreuze zunächst alle windschiefen Geradenpaare an. Untersuche dann, welche der verbleibenden Geradenpaare senkrecht oder parallel sind, und füge die entsprechenden Zeichen (⊥ bzw. ||) ein.

⊗ AB ___ EF	◯ BC ___ AD	◯ AB ___ CB	◯ FD ___ EF
◯ AB ___ AC	◯ FC ___ AD	◯ AC ___ ED	◯ DF ___ EB
◯ EB ___ CF	◯ AC _⊥_ BC	◯ DF ___ CA	◯ FC ___ CB
◯ CF ___ EF	◯ DE ___ EF	◯ CB ___ DF	◯ FE ___ CB

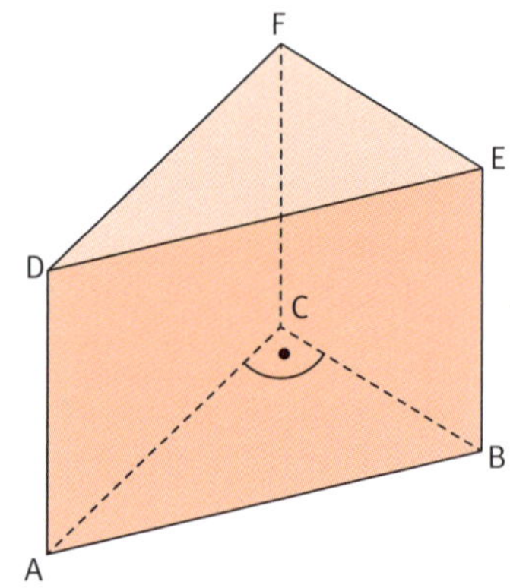

2 Die Grundfläche des geraden Prismas ABCDEFGH ist das Trapez ABCD. Verwende im Folgenden nur Geraden, die durch Prismenkanten festgelegt sind.

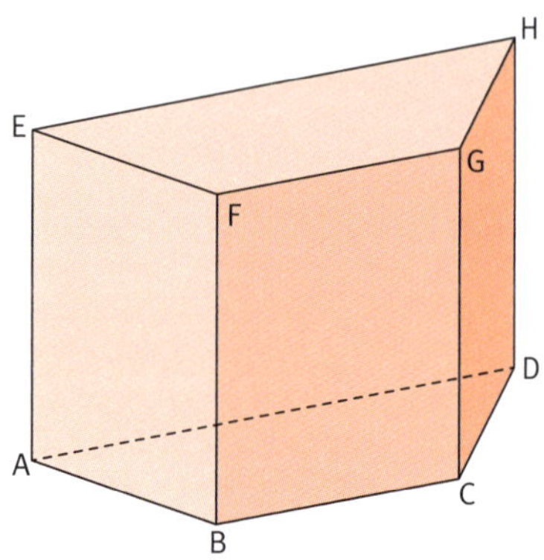

a) Gib alle Geraden an, die auf E (FGH) senkrecht stehen.

____

b) Welche Geraden schneiden E (ABF) in genau einem Punkt?

____

c) Notiere alle Geraden, die zu E (BGF) parallel verlaufen.

____

d) Bestimme jeweils die Schnittmenge.

∩	E (BCG)	E (ABE)	E (CDH)
E (FGH)			
E (ADE)			
BC			

∩	CG	GF	E (ABE)
E (AFE)			
E (BCF)			
FC			

3 In einer Werkstatt befindet sich für die Monteure ein Duschraum. Ergänze die Sätze.

1 Die Vorderkante WB des Waschbeckens verläuft

______________________ zur Duschstange DS.

2 Die Spiegelebene ist ______________________ zur Fensterebene.

3 Die Heizstangen HT des Handtuchtrockners verlaufen ______________________ zur Spiegelebene.

4 Die Vorderkante WB des Waschbeckens verläuft

______________________ zur Fensterebene.

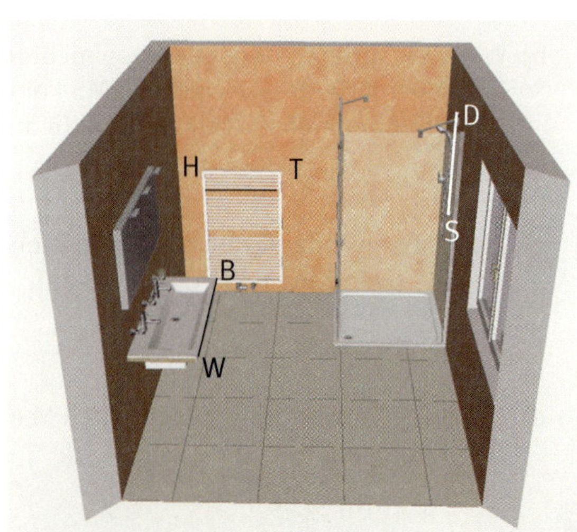

1 Die Pyramide ABCDS hat eine quadratische Grundfläche. Die Spitze S liegt senkrecht über dem Diagonalenschnittpunkt M.

a) Zeichne alle Neigungswinkel der Seitenkanten zur Grundfläche ein.

b) Zeichne alle Neigungswinkel der Seitenflächen zur Grundfläche ein.

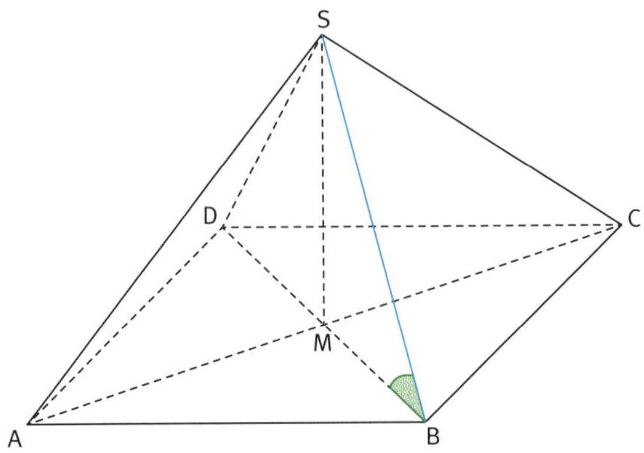

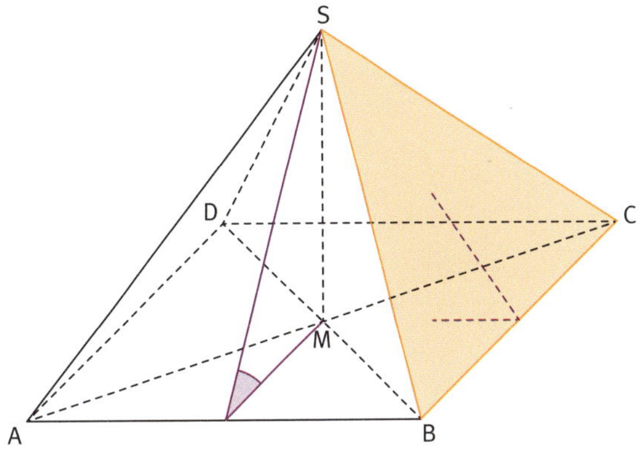

2 Zeichne jeweils den Winkel ein, den die gefärbte Fläche mit der Grundfläche des Körpers einschließt.

a)

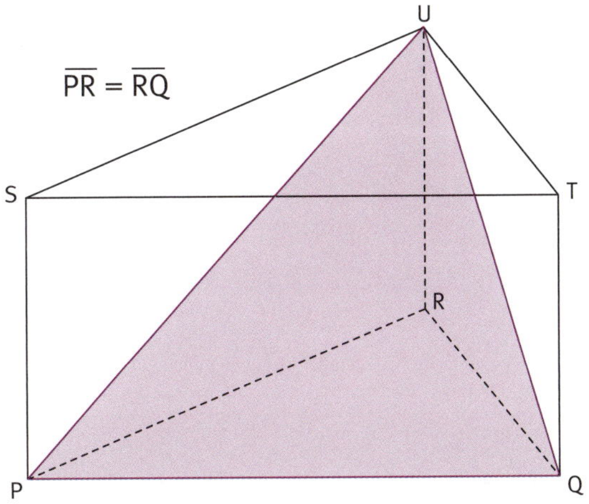

b)

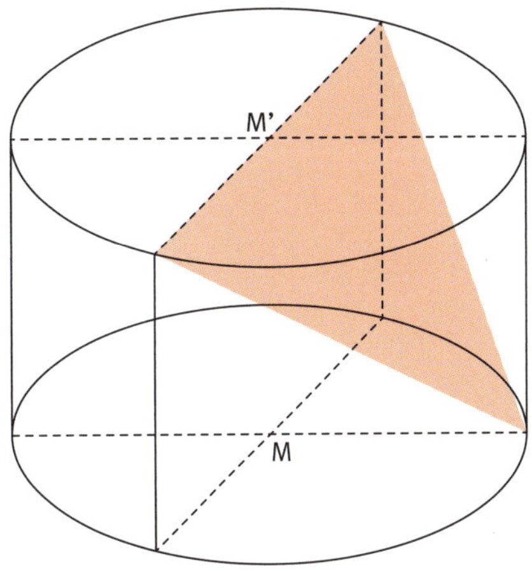

3 Im Oktaeder ABCDEF ist das Viereck ABCD ein Quadrat. Außerdem gilt: $\overline{AM} = \overline{EM} = \overline{FM}$.

a) In der folgenden Tabelle sind jeweils zwei Punktmengen gegeben, die einen Winkel einschließen. Zeichne diese Winkel im Oktaeder ein.

	1. Punktmenge	2. Punktmenge	Winkelmaß
1	ΔBFC	E (BCD)	α
2	ΔABE	ΔFBA	β
3	[EC]	□ABCD	γ
4	[EC]	[CB]	δ

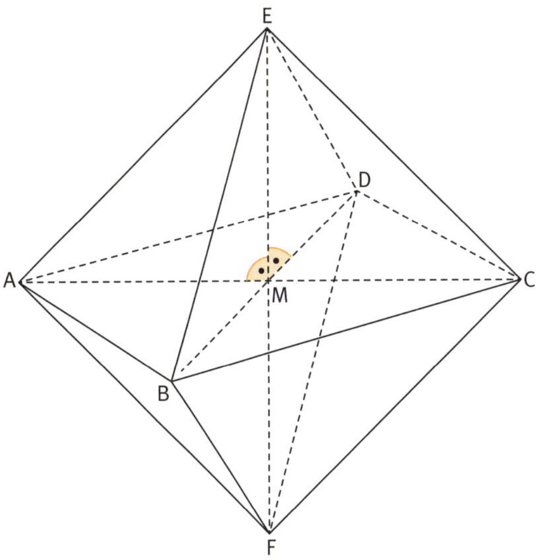

b) Gib die Maße γ und δ an.

γ = ____________ δ = ____________

1 Vervollständige die Schrägbilder der Quader.

a) b) c)

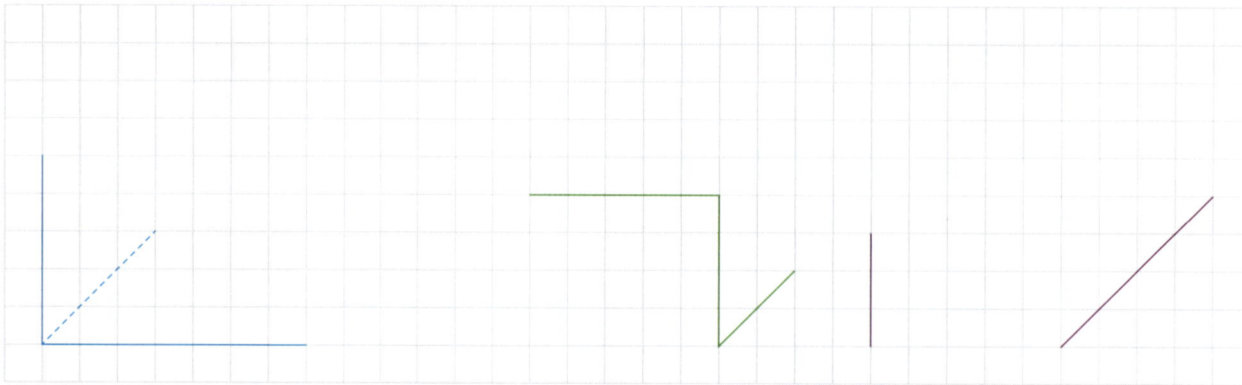

2 Zeichne ein Schrägbild folgender Körper mit dem Verkürzungsfaktor $q = 0{,}5$ und dem Verzerrungswinkel $\omega = 45°$.

a) Würfel mit $a = 4$ cm

b) Quader mit $l = 7$ cm, $b = 3$ cm, $h = 2$ cm

3 Zeichne das Schrägbild einer geraden Pyramide ABCDS mit quadratischer Grundfläche ABCD und der Höhe h. Die Seitenlänge der Grundfläche ist s. Beginne mit der Grundfläche und ergänze dann die Höhe sowie die weiteren Kanten. ($q = 0{,}5$ und $\omega = 45°$)

a) $s = 3$ cm; $h = 3$ cm

b) $s = 4$ cm; $h = 3$ cm

1 Dargestellt sind Grundflächen ABCD von Würfeln im Schrägbild. Ermittle jeweils durch Messung der gezeichneten Längen von [AB] und [BC] den Verkürzungsfaktor q und miss den Verzerrungswinkel ω.

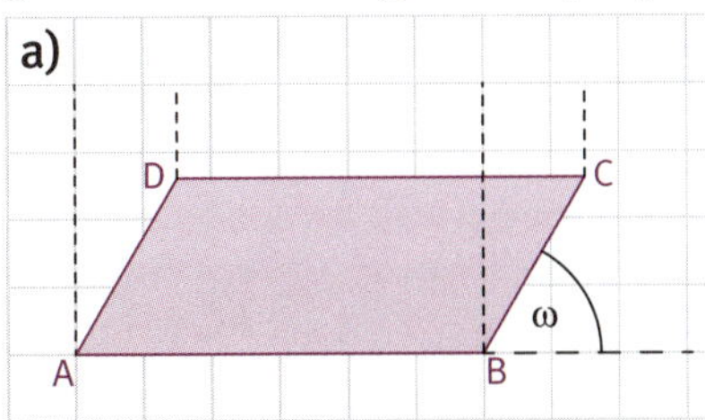

$\overline{AB}$: 3 cm $\overline{BC}$:

q = ω =

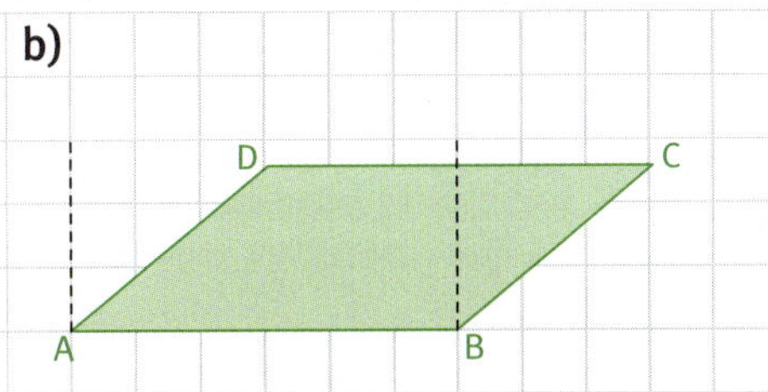

$\overline{AB}$: $\overline{BC}$:

q = ω =

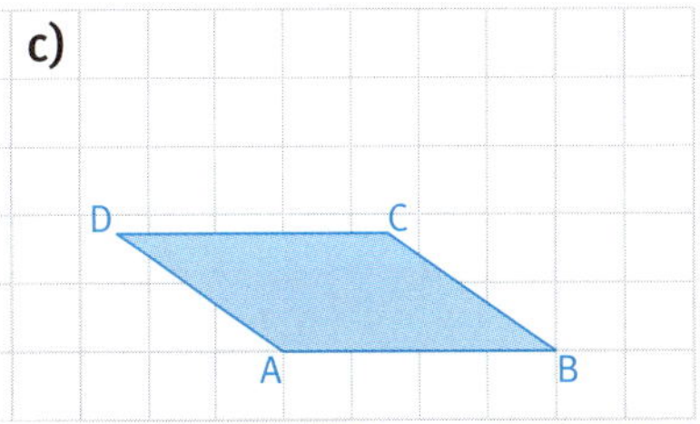

$\overline{AB}$: $\overline{BC}$:

q = ω =

2 Ergänze zum Schrägbild eines Prismas. Die Grundflächen des Prismas sind farbig dargestellt. Beachte, dass die Prismen auch „liegend“ oder „gedreht“ dargestellt sein können.

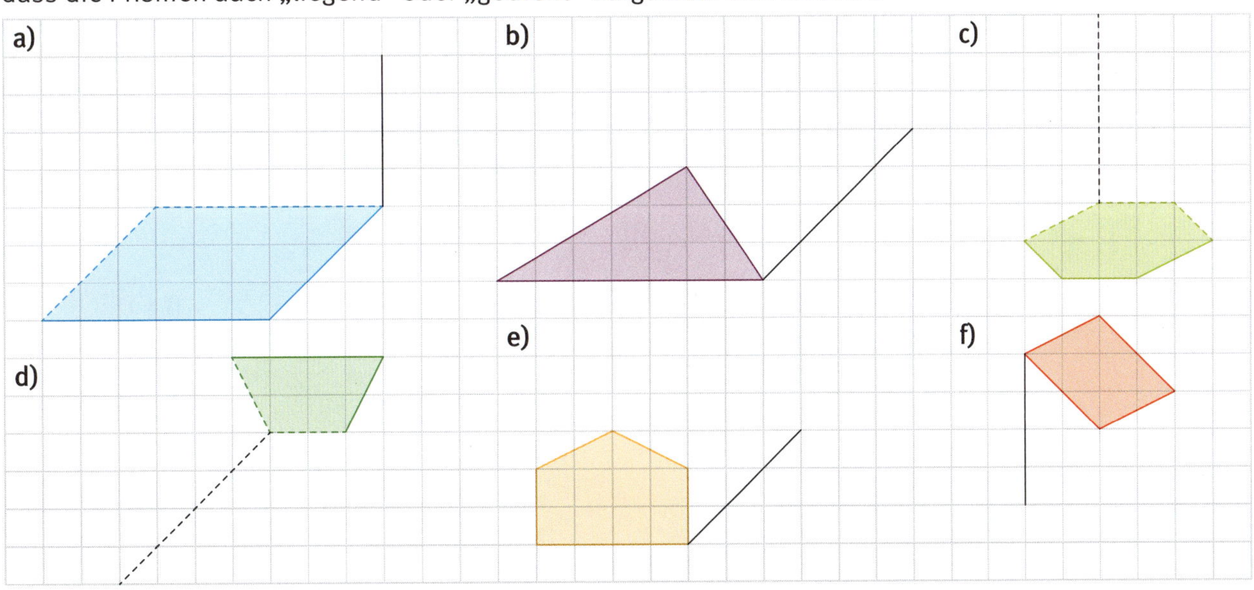

3 Vervollständige zum Schrägbild eines Zylinders mit Radius r = 2 cm und Höhe h = 3 cm. Der Zylinder ...

a) steht auf der Grundfläche. Drehe dazu die in der Grundfläche eingezeichneten Strecken wie im Beispiel um 45° und verkürze sie auf die Hälfte. Deren Endpunkte ergeben dann den Kreis im Schrägbild.

b) liegt „auf der Seite“.

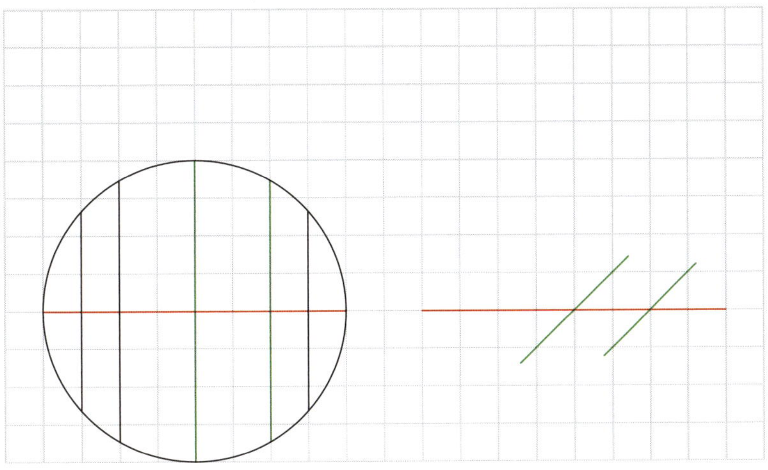

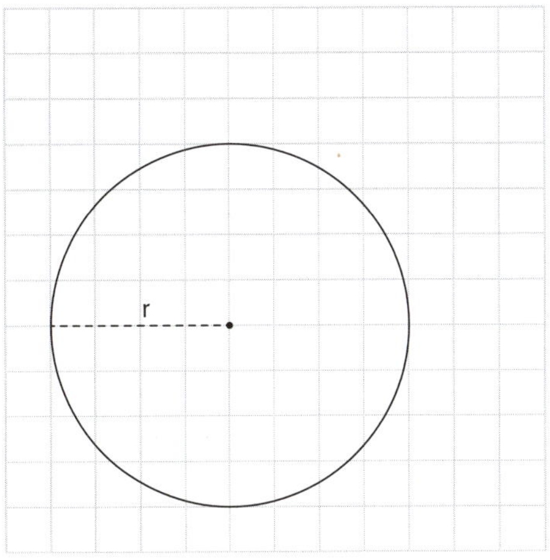

1 Die Pyramide ABCDS hat eine rechteckige Grundfläche mit $\overline{AB} = 4$ cm und $\overline{BC} = 3$ cm. Die Spitze S liegt senkrecht über dem Diagonalenschnittpunkt M. Es gilt: $\overline{MS} = 3{,}5$ cm.

a) Trage die bekannten Maße in das Schrägbild ein.

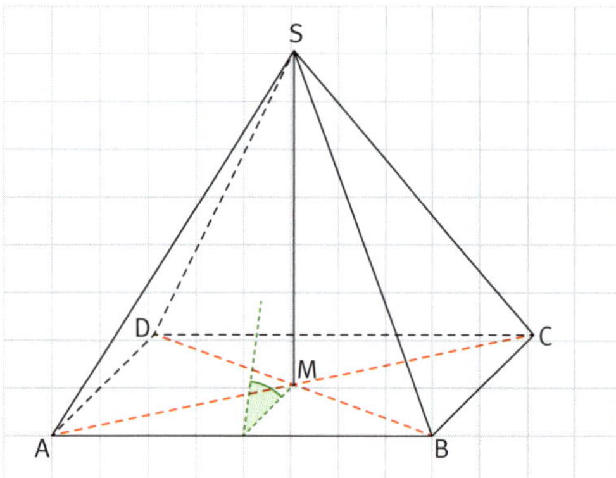

b) Ermittle durch Zeichnen der Grundfläche ABCD die Diagonalenlängen sowie die Länge der Strecke [AM].

$\overline{AC} =$

$\overline{BD} =$

$\overline{AM} =$

c) Zeichne ΔAMS in wahrer Größe und ermittle daraus die Länge der Seitenkante [AS] (auf mm genau) und das Maß α des Neigungswinkels (auf ganze Grad gerundet) dieser Seitenkante zur Grundfläche ABCD.

$\overline{AS} =$

$\alpha =$

d) Ergänze im Schrägbild das Stützdreieck der Seitenfläche ΔABS. Zeichne das Stützdreieck dann in wahrer Größe und ermittle daraus das Maß β des Neigungswinkels der Seitenfläche ABS zur Grundfläche und die Länge der Dreieckshöhe $h_{[AB]}$ im ΔABS.

$\beta =$

$h_{[AB]} =$

2 Beide dargestellten Glasgefäße sind 2 cm hoch (violette Strecke). Alle grünen Linien der Grundflächen sind 3 cm lang. In jedes Gefäß soll ein Holzstäbchen gelegt werden, ohne dass es über den Rand hinausragt. Finde mit geeigneten Zeichnungen heraus, wie lang das Stäbchen jeweils maximal sein kann.

a)

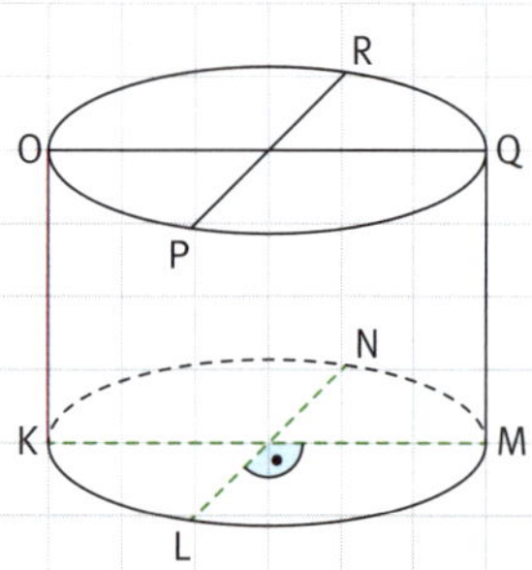

b)

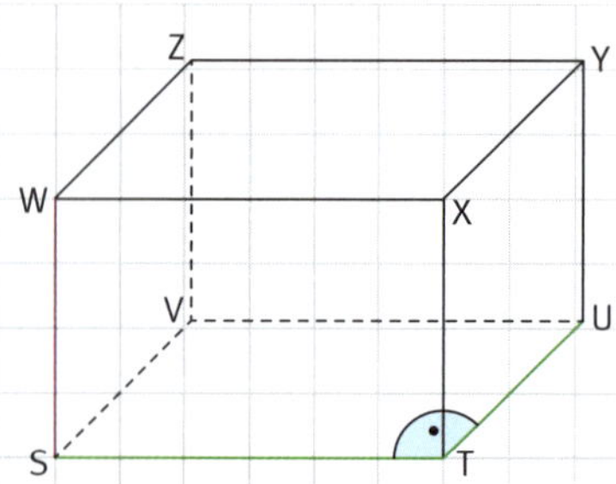

1 Ordne die Terme den Beschreibungen richtig zu.

- Das 4-Fache von a, vermindert um 3 — $4a - 3$
- Das 4-Fache der Differenz von a und 3 — $4 \cdot (a - 3)$
- Der 4. Teil der Differenz a minus 3 — $\frac{1}{4} \cdot (a - 3)$
- Die 4. Potenz der Differenz a − 3 — $(a - 3)^4$

2

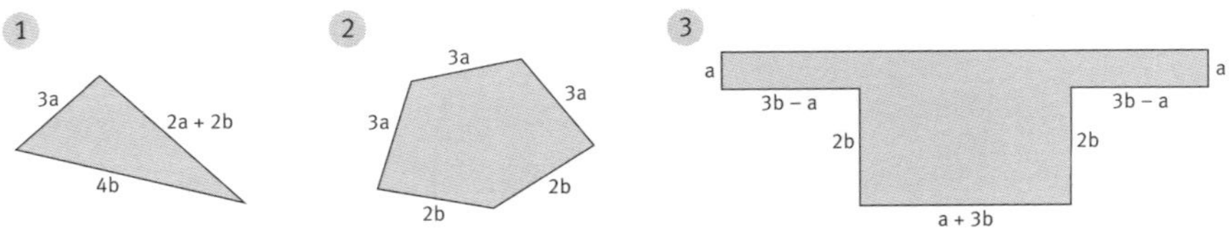

a) Stelle für die Berechnung des Umfangs einen Term auf und vereinfache ihn so weit wie möglich.

① $u = 3a + 2a + 2b + 4b$
$= 5a + 6b$

② $u = 3a + 3a + 3a + 2b + 2b$
$= 9a + 4b$

③ $u = 2 \cdot (a + 2b) + 2 \cdot (3b - a + a + 3b + 3b - a)$
$= 2 \cdot (a + 2b + 9b - a)$
$= 22b$

b) Berechne die Umfangslänge für a = 3,5 cm und b = 5,5 cm.

① $u = 5 \cdot 3{,}5\ cm + 6 \cdot 5{,}5\ cm$
$= 50{,}5\ cm$

② $u = 9 \cdot 3{,}5\ cm + 4 \cdot 5{,}5\ cm$
$= 53{,}5\ cm$

③ $u = 22 \cdot 5{,}5\ cm$
$= 121\ cm$

3 a) Skizziere die fehlenden Muster in der Reihe.

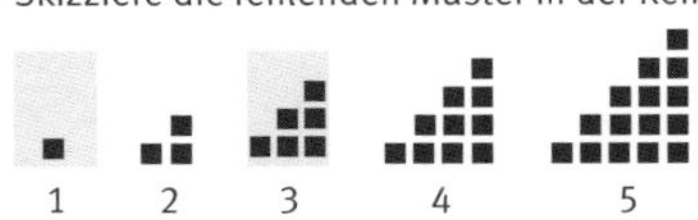

b) Beschreibe in Worten, wie sich die Anzahl der Quadrate mit jedem Schritt ändert.

Bei jedem Schritt kommen n Quadrate hinzu.

c) Gib einen Term an, der die Anzahl der Quadrate beim n-ten Schritt angibt. Findest du verschiedene Möglichkeiten?

Anzahl (n) = n + Anzahl (n − 1) *Anzahl (n) = $\frac{1}{2}$n · (n + 1)*

d) Die Seitenlänge eines Teilquadrats beträgt 2 mm. Wie groß ist der von allen Quadraten bedeckte Flächeninhalt A (n) bei jedem Schritt?

n	1	2	3	4	5
A (n) in mm²	4	12	24	40	60

e) Gib einen Term an, mit dem man den Flächeninhalt A (n) vom n-ten Schritt bestimmen kann.

A (n) = 2n · (n + 1)

1 Vereinfache im Kopf und kreuze die richtige Lösung an.

a) $-x - y - (-x) + y$
○ −2x ⊗ 0 ○ 2x − 2y

b) $-(a + 2b) - (2b - a)$
⊗ −4b ○ −2a − 4b ○ 2a

c) $x + y - (x - y) - (-x) + 2y$
○ 2x + 2y ○ −x + 4y ⊗ x + 4y

2 Vereinfache die Terme und berechne die fehlenden Werte.

a)

u	v	2u − (3 − v)	= 2u − 3 + v
1	3	2	2
10	2	19	19
−4	5	−6	−6
15	7	28	28
−6	−13	−28	−28

b)

x	y	(x + y) − (x − y)	= 2y
2	−1	−2	−2
6	3	6	6
−2	0,5	1	1
5	−4	−8	−8
−11	0	0	0

3 Vereinfache den Term so weit wie möglich.

a) $14a - 12b - 33a^2 - (8a^2 - 9a) = 14a - 12b - 33a^2 - 8a^2 + 9a = -41a^2 + 23a - 12b$

b) $\left(c - \frac{1}{3}b - \frac{2}{5}a\right) + \left(\frac{1}{2}b + \frac{13}{5}a - 0{,}1c\right) = c - \frac{1}{3}b - \frac{2}{5}a + \frac{1}{2}b + \frac{13}{5}a - 0{,}1c = \frac{11}{5}a + \frac{1}{6}b + 0{,}9c$

c) $\left(1 - \frac{2}{9}z + \frac{2}{3}z\right) - \left(\frac{1}{3}y - \frac{1}{3}z + 16x\right) = 1 - \frac{2}{9}z + \frac{2}{3}z - \frac{1}{3}y + \frac{1}{3}z - 16x = -16x - \frac{1}{3}y + \frac{7}{9}z + 1$

d) $-\left(\frac{1}{4}x + \frac{2}{3}y\right) + \left(-\frac{2}{5}x + \frac{1}{6}y\right) = -\frac{1}{4}x - \frac{2}{3}y - \frac{2}{5}x + \frac{1}{6}y = -\frac{13}{20}x - \frac{1}{2}y$

4 Ergänze die fehlenden Werte so, dass äquivalente Terme entstehen.

a) $8\ x + 2y - 3x = 5x + 2y$

b) $-2{,}5a + (-3)\ b - 3{,}4a + b = -5{,}9\ a - 2b$

c) $-\frac{2}{9}\ u - 2\ v + \frac{1}{3}u = \frac{1}{9}u - 2{,}5v + \frac{1}{2}v$

d) $3{,}4k - 2{,}3l + (-2{,}2)\ k + 0{,}05l = 1{,}2k + (-2{,}25)\ l$

e) $2{,}2r - 0{,}9\ s + (-1{,}5)\ r + \frac{1}{5}s = \frac{7}{10}r - \frac{7}{10}s$

f) $\frac{5}{6}\ w - \frac{1}{20}u - \left(-\frac{1}{20}\right)u - \frac{7}{9}w = \frac{1}{18}w$

5 Gib einen Term für die Länge l aller Kanten des Körpers an und vereinfache ihn so weit wie möglich.

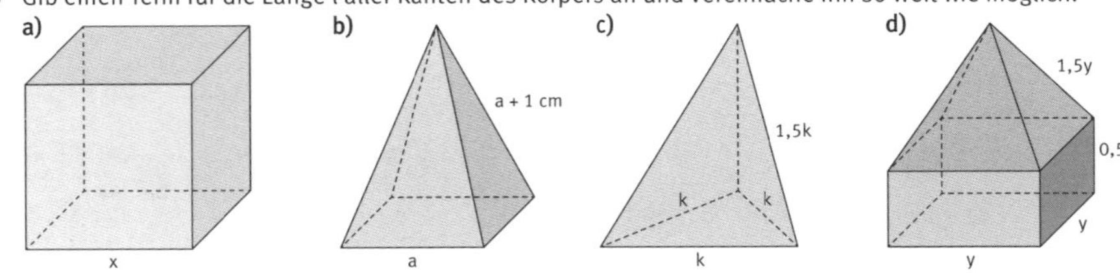

a) $l = 12x$

b) $l = 4a + 4 \cdot (a + 1\ cm)$
$l = 8a + 4\ cm$

c) $l = 3 \cdot k + 3 \cdot 1{,}5k$
$l = 7{,}5k$

d) $l = 8y + 4 \cdot 1{,}5y + 4 \cdot 0{,}5y$
$l = 16y$

1 Berechne die Termwerte.

x	y	z	a) x · (y − z)	b) x · y − z	c) x · y − x · z
2	3	−1	$2 \cdot (3 - (-1)) = 8$	$2 \cdot 3 - (-1) = 7$	$2 \cdot 3 - 2 \cdot (-1) = 8$
5	−3	0	$5 \cdot (-3 - 0) = -15$	$5 \cdot (-3) - 0 = -15$	$5 \cdot (-3) - 5 \cdot 0 = -15$
−2,5	−0,5	3	$-2{,}5 \cdot (-0{,}5 - 3) = 8{,}75$	$-2{,}5 \cdot (-0{,}5) - 3 = -1{,}75$	$-2{,}5 \cdot (-0{,}5) - (-2{,}5) \cdot 3 = 8{,}75$
0	$\frac{4}{5}$	6,8	$0 \cdot (\frac{4}{5} - 6{,}8) = 0$	$0 \cdot \frac{4}{5} - 6{,}8 = -6{,}8$	$0 \cdot \frac{4}{5} - 0 \cdot 6{,}8 = 0$
12,4	7,3	−3,7	$12{,}4 \cdot (7{,}3 - (-3{,}7)) = 136{,}4$	$12{,}4 \cdot 7{,}3 - (-3{,}7) = 94{,}22$	$12{,}4 \cdot 7{,}3 - 12{,}4 \cdot (-3{,}7) = 136{,}4$
$-\frac{1}{3}$	$\frac{2}{5}$	$\frac{1}{10}$	$-\frac{1}{3} \cdot (\frac{2}{5} - \frac{1}{10}) = -\frac{1}{10}$	$-\frac{1}{3} \cdot \frac{2}{5} - \frac{1}{10} = -\frac{7}{30}$	$-\frac{1}{3} \cdot \frac{2}{5} - (-\frac{1}{3}) \cdot \frac{1}{10} = -\frac{1}{10}$

Was fällt dir auf? *Die Terme zu a) und c) sind äquivalent zueinander. Bei gleicher Belegung der Variablen haben sie immer gleiche Termwerte.*

2 a) Beschreibe jeweils den Flächeninhalt der Figur auf zwei Arten.

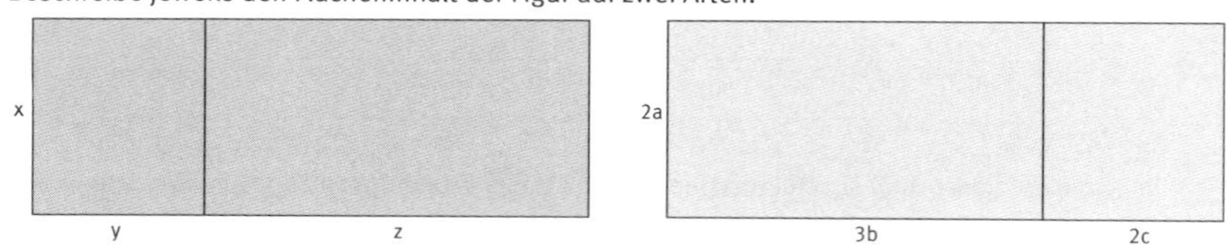

(1) als Produkt der Seitenlängen des großen Rechtecks:

$A = x \cdot (y + z)$ | *$A = 2a \cdot (3b + 2c)$*

(2) als Summe der beiden Teilflächen:

$A = x \cdot y + x \cdot z$ | *$A = 2a \cdot 3b + 2a \cdot 2c = 6ab + 4ac$*

b) Zeige die Äquivalenz der Terme aus (1) und (2):

$x \cdot (y + z) = x \cdot y + x \cdot z$ | *$2a \cdot (3b + 2c) = 2a \cdot 3b + 2a \cdot 2c = 6ab + 4ac$*

3 Multipliziere aus.

a) $4 \cdot (x - 2) = 4x - 8$

b) $-3 \cdot (m + 2{,}5) = -3m - 7{,}5$

c) $(7y - 4) \cdot 6{,}5 = 45{,}5y - 26$

d) $(2u - 4) \cdot (-4) = -8u + 16$

e) $(-1{,}5 - 2c) \cdot (-8) = 12 + 16c$

f) $0{,}8 \cdot (-4z + 3) = -3{,}2z + 2{,}4$

g) $(\frac{2}{7} - \frac{4}{5}x) \cdot 0{,}5 = -\frac{2}{5}x + \frac{1}{7}$

h) $-\frac{2}{3} \cdot (3s - \frac{5}{6}t) = -2s + \frac{5}{9}t$

i) $-1 \cdot (2 - \frac{1}{3}x) = \frac{1}{3}x - 2$

j) $(-0{,}1k - \frac{1}{20}) \cdot (-10) = k + \frac{1}{2}$

1 Ergänze den zweiten Faktor durch Ausklammern.

a) $2x + 4y - 6z = 2 \cdot (\ x + 2y - 3z\ )$

b) $2x + 4y - 6z = (-2) \cdot (\ -x - 2y + 3z\ )$

c) $3a - 4b - 7c = (-1) \cdot (\ -3a + 4b + 7c\ )$

d) $0{,}5a - 4b + 3{,}5c = 0{,}5 \cdot (\ a - 8b + 7c\ )$

e) $5y + 0{,}25z = 0{,}25 \cdot (\ 20y + z\ )$

f) $x^2 + xy - x^3 = x \cdot (\ x + y - x^2\ )$

g) $-\frac{2}{3}x^3 - \frac{1}{3}x^2 = (-\frac{1}{3}x^2) \cdot (\ 2x + 1\ )$

h) $\frac{2}{5}a - \frac{1}{5}b = (-\frac{1}{5}) \cdot (\ -2a + b\ )$

2 Klammere so aus, dass alle Koeffizienten in der Klammer ganzzahlig und möglichst klein sind.

a) $a^3 - 2a^4 + 0{,}5a^2 = 0{,}5 \cdot (2a^3 - 4a^4 + a^2)$

b) $\frac{2}{3} - \frac{2}{3}a = \frac{2}{3} \cdot (1 - a)$

c) $-\frac{1}{8}x - \frac{1}{2}y = -\frac{1}{8} \cdot (x + 4y)$

d) $\frac{3}{25}s - \frac{3}{50}t = \frac{3}{50} \cdot (2s - t)$

e) $-54 - 27a + 108b = -27 \cdot (2 + a - 4b)$

f) $-2ab - 4bc - 6 = -2 \cdot (ab + 2bc + 3)$

g) $361x^2 - 38xy = 19x \cdot (19x - 2y)$

h) $-\frac{1}{100}a - \frac{1}{10}b - 1 = -\frac{1}{100} \cdot (a + 10b + 100)$

3 Vereinfache jeden Term möglichst weit. Die Lösungsbuchstaben bei den Ergebnissen ergeben den Nachnamen einer bekannten bayerischen Mathematikerin.

a)	$2 \cdot (x + 3) + 4 \cdot (x - 5) = 2x + 6 + 4x - 20 = 6x - 14$	N
b)	$0{,}6x - 2 \cdot (1{,}4 + 7x) = 0{,}6x - 2{,}8 - 14x = -13{,}4x - 2{,}8$	O
c)	$\frac{5}{6} \cdot (3x + 4) - \frac{1}{2} \cdot (6x - 10) = 2\frac{1}{2}x + 3\frac{1}{3} - 3x + 5 = -\frac{1}{2}x + 8\frac{1}{3}$	E
d)	$-2 \cdot (7{,}5 - x) - (2{,}5x - 1{,}2) \cdot 10 = -15 + 2x - 25x + 12 = -23x - 3$	T
e)	$\frac{2}{3} \cdot (x - 3) + \frac{1}{5}(15 - x) = \frac{2}{3}x - 2 + 3 - \frac{1}{5}x = \frac{7}{15}x + 1$	H
f)	$0{,}2 \cdot (x + 4) - 9 \cdot (1 - 2x) = 0{,}2x + 0{,}8 - 9 + 18x = 18{,}2x - 8{,}2$	E
g)	$2 - (-4 - x) + 3 \cdot (-x + 5) = 2 + 4 + x - 3x + 15 = -2x + 21$	R

$-\frac{1}{2}x + 8\frac{1}{3}$	$6x - 14$	$-23x - 3$	$-13{,}4x - 2{,}8$	$18{,}2x - 8{,}2$	$\frac{7}{15}x + 1$	$-2x + 21$
E	N	T	O	E	H	R

4 Ersetze jeweils den/die Platzhalter so, dass äquivalente Terme entstehen.

a) $-6\ x + 4y = -2 \cdot (3x - 2y)$

b) $-\frac{2}{3}\ a^2 - \ 2\ ab = -\frac{a}{3} \cdot (2a + 6b)$

c) $-14\ ab + 7a^2b^2 = -7ab \cdot (2 - ab)$

d) $\frac{5}{2}x - \frac{5}{3}y = \frac{5}{6} \cdot (\ 3\ x - \ 2\ y)$

e) $-3x \cdot (4y + \ 5x\ ) = \ -12xy\ - 15x^2$

f) $(\frac{3}{2}a + b + \ \frac{1}{2}a\ ) \cdot (-b) = -2ab - \ b^2$

g) $(-u + 0{,}5u + \ 0{,}5u\ ) \cdot (3a + x) = 0$

h) $-8z\,(z \cdot \ 4\ - \frac{3}{4}) = -32z^2 + \ 6z$

1 Multipliziere aus.

a) $4 \cdot (7x + 8) =$ $28x + 32$

b) $4p \cdot (p + 4{,}5) =$ $4p^2 + 18p$

c) $5 \cdot (-2m + 3r) =$ $-10m + 15r$

d) $x \cdot (-4x + 2{,}8) =$ $-4x^2 + 2{,}8x$

e) $\frac{1}{4}x \cdot (7x + \frac{4}{5}y) \cdot y =$ $(\frac{7}{4}x^2 + \frac{1}{5}xy) \cdot y = \frac{7}{4}x^2y + \frac{1}{5}xy^2$

2 Beschreibe den Flächeninhalt der Figur auf zwei Arten durch ...

(1) Addition aller Einzelflächen. (2) Multiplikation der gesamten Seitenlängen.

a) 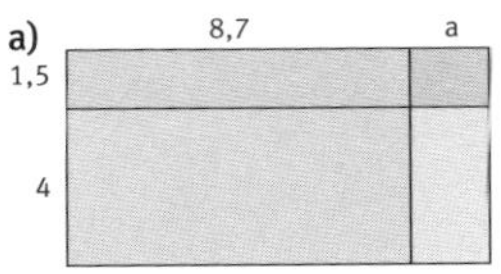

b) 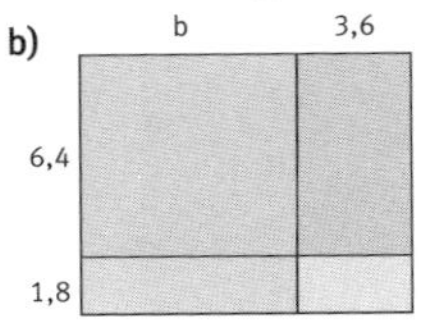

c) 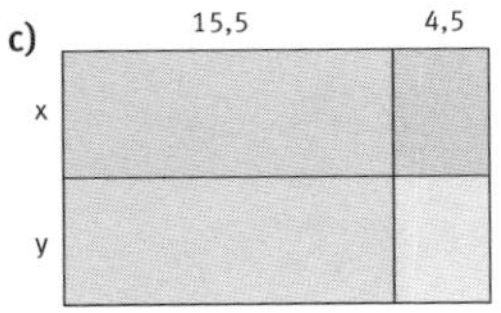

a)
(1) $1{,}5 \cdot 8{,}7 + 1{,}5a + 4 \cdot 8{,}7 + 4a = 5{,}5a + 47{,}85$
(2) $(1{,}5 + 4) \cdot (8{,}7 + a) = 5{,}5a + 47{,}85$

b)
(1) $6{,}4b + 6{,}4 \cdot 3{,}6 + 1{,}8b + 1{,}8 \cdot 3{,}6 = 8{,}2b + 29{,}52$
(2) $(6{,}4 + 1{,}8) \cdot (b + 3{,}6) = 8{,}2b + 29{,}52$

c)
(1) $15{,}5x + 4{,}5x + 15{,}5y + 4{,}5y = 20x + 20y$
(2) $(x + y) \cdot (15{,}5 + 4{,}5) = 20x + 20y$

3 Ergänze die fehlenden Werte in den Verknüpfungstabellen. Wie lauten die Terme?

a)

·	12	−a
4a	48a	$-4a^2$
−1	−12	+a

$(4a - 1) \cdot (12 - a) = -4a^2 + 49a - 12$

b)

·	5x	−4
3x	$15x^2$	−12x
2	10x	−8

$(3x + 2) \cdot (5x - 4) = 15x^2 - 2x - 8$

c)

·	a	3c
4,5a	$4{,}5a^2$	13,5ac
1,2c	1,2ac	$3{,}6c^2$

$(4{,}5a + 1{,}2c) \cdot (a + 3c) = 4{,}5a^2 + 14{,}7ac + 3{,}6c^2$

d)

·	$\frac{1}{4}x$	$-\frac{2}{3}$
$\frac{1}{4}y$	$\frac{1}{16}xy$	$-\frac{1}{6}y$
$-\frac{1}{5}$	$-\frac{1}{20}x$	$\frac{2}{15}$

$(\frac{1}{4}y - \frac{1}{5}) \cdot (\frac{1}{4}x - \frac{2}{3}) = \frac{1}{16}xy - \frac{1}{20}x - \frac{1}{6}y + \frac{2}{15}$

4 Ergänze die fehlenden Stellen so, dass die Rechnung stimmt.

a) $24x +$ [$48xy$] $+ 8x^2 = 4x \cdot (6 + 12y +$ [$2x$] $)$

b) $121 +$ [$5{,}5a^2$] $+ 14{,}3 =$ [11] $\cdot (11 + 0{,}5a^2 +$ [$1{,}3$] $)$

c) [$\frac{2}{3}p$] $+ \frac{5}{6}pq + p^3q^2 =$ [$\frac{1}{6}p$] $\cdot (4 + 5q +$ [$6p^2q^2$] $)$

1 Notiere den Flächeninhalt der Figuren ...

a) 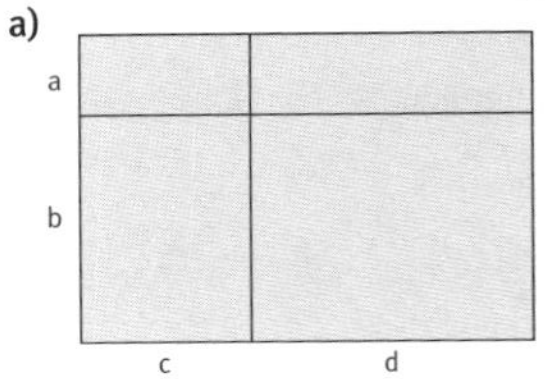

b) 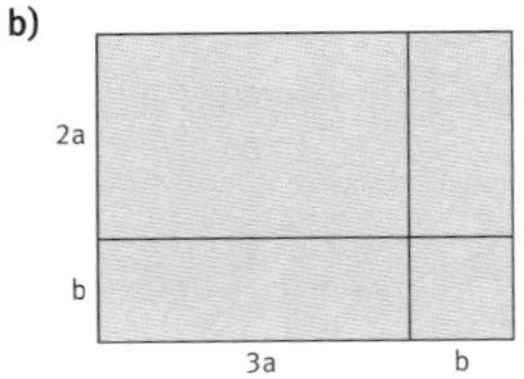

c) 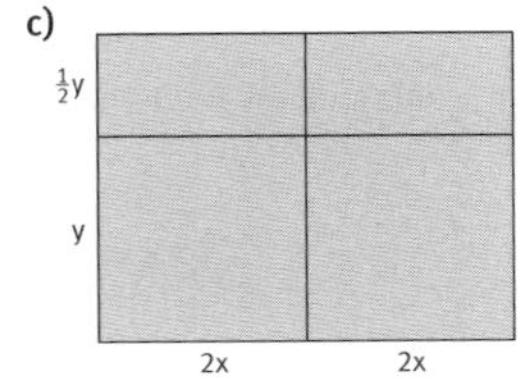

(1) als Produkt:

a) $(a + b) \cdot (c + d)$
b) $(2a + b) \cdot (3a + b)$
c) $(2x + 2x) \cdot (y + \frac{1}{2}y)$

(2) als Summe der Teilflächen:

a) $ac + bc + ad + bd$
b) $6a^2 + 3ab + 2ab + b^2 = 6a^2 + 5ab + b^2$
c) $\frac{1}{2}y \cdot 2x + 2xy + \frac{1}{2}y \cdot 2x + 2xy = 6xy$

(3) Zeige die Äquivalenz der Terme aus (1) und (2).

a) $(a + b) \cdot (c + d) = a \cdot c + b \cdot c + a \cdot d + b \cdot d$
b) $(2a + b) \cdot (3a + b) = 6a^2 + 3ab + 2ab + b^2 = 6a^2 + 5ab + b^2$
c) $(2x + 2x) \cdot (y + \frac{1}{2}y) = 4x \cdot 1{,}5y = 6xy$

2 Multipliziere aus und vereinfache so weit wie möglich.

a) $(2x - 3) \cdot (5x + 4) =$ $10x^2 + 8x - 15x - 12 = 10x^2 - 7x - 12$

b) $(2y - 4) \cdot (1 - 2{,}5y) =$ $2y - 5y^2 - 4 + 10y = -5y^2 + 12y - 4$

c) $(x - 1) \cdot (3x + 2) =$ $3x^2 + 2x - 3x - 2 = 3x^2 - x - 2$

d) $(5x - 0{,}8) \cdot (4{,}5 - 3x) =$ $22{,}5x - 15x^2 - 3{,}6 + 2{,}4x = -15x^2 + 24{,}9x - 3{,}6$

3 Ergänze die fehlenden Angaben.

a) $(2 + x) \cdot ($ [1] $- x) = -x^2 - x + 2$

b) $($ [$2x$] $- 3) \cdot (\frac{1}{2} + x) = 2x^2 - 2x - 1{,}5$

c) $(\frac{2}{3} -$ [$\frac{1}{2}x$] $) \cdot (x - 6) = -\frac{1}{2}x^2 + \frac{11}{3}x - 4$

d) $(-\frac{1}{4}x - 3) \cdot (2{,}5x +$ [$(-1{,}5)$] $) = -\frac{5}{8}x^2 - 7\frac{1}{8}x + 4{,}5$

e) $(1{,}5 -$ [$(-3x)$] $) \cdot ($ [3] $+ x) = 3x^2 + 10{,}5x + 4{,}5$

4 Bilde aus den Termen (a + 1), (b + 2) und (c + 3) alle Produkte, die aus mindestens zwei Faktoren bestehen, und multipliziere die Produkte aus.

$(a + 1) \cdot (b + 2) = ab + 2a + b + 2$; $(a + 1) \cdot (c + 3) = ac + 3a + c + 3$

$(b + 2) \cdot (c + 3) = bc + 3b + 2c + 6$; $(a + 1) \cdot (b + 2) \cdot (c + 3) = (ab + 2a + b + 2) \cdot (c + 3)$

$= abc + 3ab + 2ac + 6a + bc + 3b + 2c + 6$

1 Benenne die Seitenlängen und markiere diese und die entsprechenden Flächen so, dass die folgenden Flächengleichheiten gelten. Es soll jeweils gelten: $x > y$.

a)

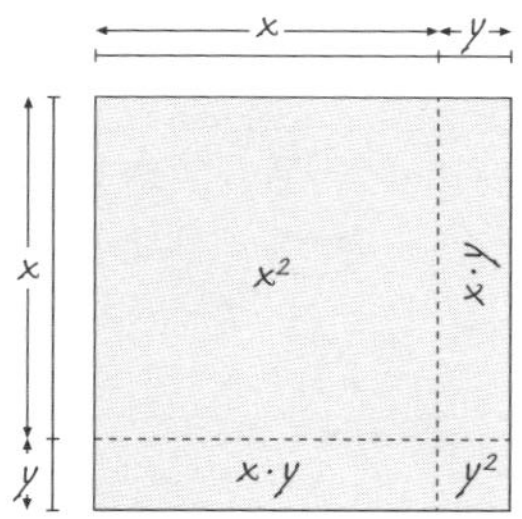

$(x + y)^2 = x^2 + 2xy + y^2$

b)

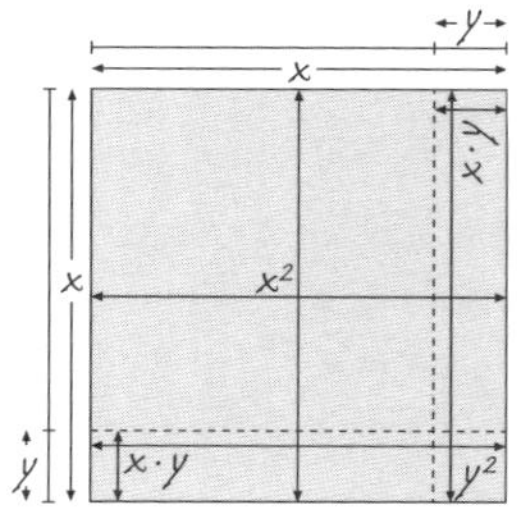

$(x - y)^2 = x^2 - 2xy + y^2$

c)

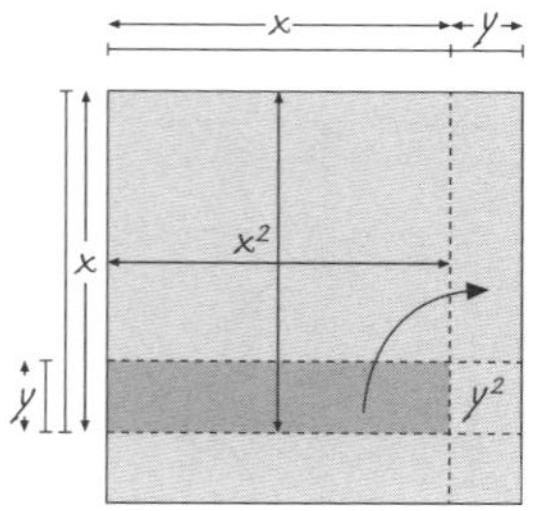

$(x + y) \cdot (x - y) = x^2 - y^2$

2 Löse die Klammern auf.

a) $(2 + t)^2 = 4 + 4t + t^2$

b) $(x - 11)^2 = x^2 - 22x + 121$

c) $(12t - 0{,}9s)^2 = 144t^2 - 21{,}6ts + 0{,}81s^2$

d) $(0{,}2 + 1{,}8p)^2 = 0{,}04 + 0{,}72p + 3{,}24p^2$

e) $(2x - 3) \cdot (2x + 3) = 4x^2 - 9$

f) $(-\frac{1}{3}v + \frac{1}{2}w)^2 = \frac{1}{9}v^2 - \frac{1}{3}vw + \frac{1}{4}w^2$

3 Verbinde äquivalente Terme.

a) $a^2 + 16ab + 64b^2$ — Auswahl: $(a + 4b)^2$; $(a + 8b)^2$; $16 \cdot (a^2 + 4b^2)$
Verbunden: $a^2 + 16ab + 64b^2$ — $(a + 8b)^2$

b) $\frac{1}{4}x^2 - y^2$ — Auswahl: $(\frac{1}{4}x - y) \cdot (\frac{1}{4}x + y)$; $\frac{1}{4}(x - y) \cdot (x + y)$; $(\frac{1}{2}x - y) \cdot (\frac{1}{2}x + y)$
Verbunden: $\frac{1}{4}x^2 - y^2$ — $(\frac{1}{2}x - y) \cdot (\frac{1}{2}x + y)$

c) $36 - b^2$ — Auswahl: $(b + 6) \cdot (b - 6)$; $(b + 6) \cdot (6 - b)$; $(6^2 - b^2) \cdot (6^2 + b^2)$
Verbunden: $36 - b^2$ — $(b + 6) \cdot (6 - b)$

d) $\frac{1}{16}s^2 - \frac{1}{2}st + t^2$ — Auswahl: $(\frac{1}{4}s - t)^2$; $(\frac{1}{8}s - t)^2$; $(\frac{1}{16}s - t)^2$
Verbunden: $\frac{1}{16}s^2 - \frac{1}{2}st + t^2$ — $(\frac{1}{4}s - t)^2$

4 + oder – ? Setze das richtige Zeichen ein.

a) $(x - 5)^2 = x^2 ⊖ 10x ⊕ 25$

b) $(s + 4) \cdot (s - 4) = s^2 ⊖ 16$

c) $x^2 + 6xy ⊕ 9y^2 = (x ⊕ 3y)^2$

d) $(2a ⊖ b) \cdot (2a - b) = 4a^2 - 4ab + b^2$

e) $(s + 0{,}5t) \cdot (0{,}5t ⊖ s) = \frac{1}{4}t^2 - s^2$

f) $(⊖ \frac{1}{5}x + 3)^2 = ⊕ \frac{1}{25}x^2 - \frac{6}{5}x ⊕ 9$

5 Fülle die Lücken aus.

a) $4x^2 +$ 12x $+ 9 = (2x +$ 3 $)^2$

b) $(1{,}5x -$ 0,5 $)(1{,}5x +$ 0,5 $) =$ 2,25x² $- 0{,}25$

c) $(\frac{3}{4} +$ x $)^2 = \frac{9}{16} +$ $\frac{3}{2}x$ $+ x^2$

d) $4 + 4t +$ t² $= ($ 2 $+ t)^2$

1 Wende die binomischen Formeln an und vereinfache so weit wie möglich. Trage die Buchstaben zu den Ergebnissen in die rechte Spalte ein. Das Lösungswort ergibt einen bekannten Berg in Deutschland.

a)	$(a + 0{,}5)^2 = a^2 + a + 0{,}25$	Z
b)	$(2 + \frac{1}{4}a) \cdot (2 - \frac{1}{4}a) = 4 - \frac{1}{16}a^2$	U
c)	$(1{,}3 + 2a)^2 = 1{,}69 + 5{,}2a + 4a^2$	G
d)	$(a + 1)^2 + (a - 1)^2 = a^2 + 2a + 1 + a^2 - 2a + 1 = 2a^2 + 2$	S
e)	$2 \cdot (a - 4)^2 = 2 \cdot (a^2 - 8a + 16) = 2a^2 - 16a + 32$	P
f)	$(2a + \frac{1}{2})^2 - (2a - 8)^2 = 4a^2 + 2a + 0{,}25 - (4a^2 - 32a + 64)$ $= 4a^2 + 2a + 0{,}25 - 4a^2 + 32a - 64 = 34a - 63{,}75$	I
g)	$\frac{1}{3} \cdot (6a - 9) \cdot (6a + 9) = \frac{1}{3} \cdot (36a^2 - 81) = 12a^2 - 27$	T
h)	$(a + 2{,}6)^2 + 4{,}8 \cdot (3{,}8 - a) = a^2 + 5{,}2a + 6{,}76 + 18{,}24 - 4{,}8a = a^2 + 0{,}4a + 25$	Z
i)	$(a + 5)^2 - (2a - 3)^2 + (a + 1{,}5) \cdot (1{,}5 - a) = a^2 + 10a + 25 - (4a^2 - 12a + 9) - a^2 + 2{,}25$ $= a^2 + 10a + 25 - 4a^2 + 12a - 9 - a^2 + 2{,}25$ $= -4a^2 + 22a + 18{,}25$	E

$2a^2 + 2$	$4 - \frac{1}{16}a^2$	$2a^2 - 16a + 32$	$-4a^2 + 22a + 18{,}25$	$4a^2 + 5{,}2a + 1{,}69$
S	U	P	E	G

$a^2 + a + 0{,}25$	$34a - 63{,}75$	$12a^2 - 27$	$a^2 + 0{,}4a + 25$
Z	I	T	Z

2 Ordne äquivalente Terme einander zu.

Obere Reihe: $4b^2 - 4a^2$; $4a^2 - 4b^2$; $16a^2 - 8b + b^2$; $4(a^2 + 2ab + b^2)$
Untere Reihe: $(4a - 4b) \cdot (a + b)$; $(2a + 2b)^2$; $(4a - b)^2$; $(2b - 2a)(2a + 2b)$

Verbunden:
- $4b^2 - 4a^2$ — $(2b - 2a)(2a + 2b)$
- $4a^2 - 4b^2$ — $(4a - 4b) \cdot (a + b)$
- $16a^2 - 8b + b^2$ — $(4a - b)^2$
- $4(a^2 + 2ab + b^2)$ — $(2a + 2b)^2$

3 Vervollständige die Termmauer. Der Wert eines Steins ist das Produkt der beiden Steine darunter.

a)
- $16a^4 - 16a^3 + 4a - 1$
- $4a^2 - 1$ | $4a^2 - 4a + 1$
- $2a + 1$ | $2a - 1$ | $2a - 1$

b)
- $\frac{1}{16}x^4 + \frac{1}{12}x^3 - \frac{1}{27}x - \frac{1}{81}$
- $\frac{1}{4}x^2 - \frac{1}{9}$ | $\frac{1}{4}x^2 + \frac{1}{3}x + \frac{1}{9}$
- $\frac{1}{2}x - \frac{1}{3}$ | $\frac{1}{2}x + \frac{1}{3}$ | $\frac{1}{3} + 0{,}5x$

1 Bestimme, welcher Extremwert zu dem jeweiligen quadratischen Term gehört. Ordne zu.

a) $\frac{1}{2}x^2 + 4$ → 4 (Auswahl: $-\frac{1}{2}$, $\frac{1}{2}$, -4, 4)

b) $\frac{1}{2}x^2 - 4$ → -4 (Auswahl: $-\frac{1}{2}$, $\frac{1}{2}$, -4, 4)

c) $4x^2 - \frac{1}{2}$ → $-\frac{1}{2}$ (Auswahl: $-\frac{1}{2}$, $\frac{1}{2}$, -4, 4)

d) $4x^2 + \frac{1}{2}$ → $\frac{1}{2}$ (Auswahl: $-\frac{1}{2}$, $\frac{1}{2}$, -4, 4)

2 Bestimme die Art des Extremwerts zu dem gegebenen Term.

a) $T(x) = -3x^2 + 4$ — ◯ Minimum ⊗ Maximum

b) $T(x) = \frac{1}{12}x^2 - 6$ — ⊗ Minimum ◯ Maximum

c) $T(x) = -x^2 + 0,1$ — ◯ Minimum ⊗ Maximum

d) $T(x) = -2 + \frac{1}{5}x^2$ — ⊗ Minimum ◯ Maximum

3 Bestimme den Extremwert des quadratischen Terms mithilfe der numerischen Wertetabelle. Handelt es sich um ein Minimum oder Maximum?

x	−2	−1	0	1	2	3	4	Art des Extremwerts	Extremwert bei …
a) $T(x) = -3x^2 + 5$	−7	2	5	2	−7	−22	−43	◯ Minimum ⊗ Maximum	$x = 0$
b) $T(x) = x^2 - 4x + 5$	17	10	5	2	1	2	5	⊗ Minimum ◯ Maximum	$x = 2$
c) $T(x) = -\frac{1}{2}x^2 + x - 2,5$	−6,5	−4	−2,5	−2	−2,5	−4	−6,5	◯ Minimum ⊗ Maximum	$x = 1$
d) $T(x) = -2x^2 - 4x - 6$	−6	−4	−6	−12	−22	−36	−54	◯ Minimum ⊗ Maximum	$x = -1$
e) $T(x) = 4x^2 - 24x + 31$	95	59	31	11	−1	−5	−1	⊗ Minimum ◯ Maximum	$x = 3$
f) $T(x) = -x^2 + 4x - 2,5$	−14,5	−7,5	−2,5	0,5	1,5	0,5	−2,5	◯ Minimum ⊗ Maximum	$x = 2$

4 Bestimme den Extremwert des quadratischen Terms mithilfe einer grafischen Wertetabelle.

a) $T(x) = \frac{1}{4}x^2 + x + 1$

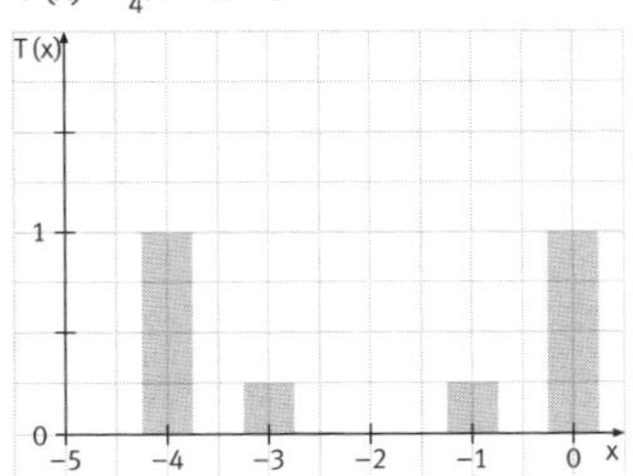

Extremwert: $T_{min} = 0$ bei $x = -2$

b) $T(x) = x^2 - 8x + 18$

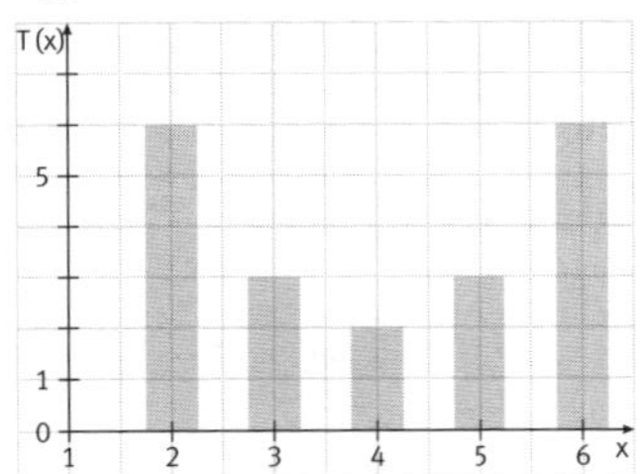

Extremwert: $T_{min} = 2$ bei $x = 4$

1 Vervollständige die quadratische Ergänzung.

a) $x^2 + 5x = x^2 + 5x + 2,5^2 - 2,5^2 = (x + 2,5)^2 - 6,25$

b) $y^2 - \frac{2}{3}y = y^2 - \frac{2}{3}y + (\frac{1}{3})^2 - (\frac{1}{3})^2 = (y - \frac{1}{3})^2 - \frac{1}{9}$

c) $z^2 - 6z = z^2 - 6z + 3^2 - 3^2 = (z - 3)^2 - 9$

d) $x^2 + 18x = x^2 + 18x + 9^2 - 9^2 = (x + 9)^2 - 81$

2 Bei der Bestimmung der Extremwerte haben sich Fehler eingeschlichen. Unterstreiche die fehlerhaften Zeilen, beschreibe die Fehler und verbessere die Rechnung.

a) $T(x) = x^2 + 14x - 6$
$= x^2 + 14x + 7^2 - 7^2 - 6$
$= \underline{(x + 7)^2 - 13}$

Minimum $T_{min} = -13$ *bei* $x = 7$

Verbesserung:
$= (x + 7)^2 - 55$
Minimum $T_{min} = -55$ *bei* $x = -7$

Beschreibung Fehler: *1.* $-7^2 - 6$ *ergibt* -55.
2. Der Term $(x + 7)^2 - 13$ *hat den Extremwert an der Stelle* $x = -7$.

b) $T(x) = -x^2 + 6x + 4$
$= \underline{-[x^2 + 6x + 4]}$
$= -[x^2 + 6x + 4 + 3^2 - 3^2]$
$= \underline{-[(x + 3)^2 - 9]}$
$= -(x + 3)^2 + 9$

Maximum $T_{max} = 9$ *bei* $x = -3$

Verbesserung:
$= -[x^2 - 6x - 4]$
$= -[x^2 - 6x + 3^2 - 3^2 - 4]$
$= -[(x - 3)^2 - 13]$
$= -(x - 3)^2 + 13$ *Maximum* $T_{max} = 13$ *bei* $x = 3$

Beschreibung Fehler: *1. Beim Ausklammern von −1 drehen sich alle Rechenzeichen um.*
2. + 4 wird in der 4. Zeile nicht mit verrechnet.

c) $T(y) = y^2 - 9y + 1$
$= y^2 - 9y + \underline{3^2 - 3^2} + 1$
$= (y - 3)^2 \underline{- 10}$

Minimum $T_{min} = -10$ *bei* $y = 3$

Verbesserung:
$= y^2 - 9y + 4,5^2 - 4,5^2 + 1$
$= (y - 4,5)^2 - 19,25$
Minimum $T_{min} = -19,25$ *bei* $y = 4,5$

Beschreibung Fehler: *Es wurde die falsche Zahl ergänzt. Richtig ist* $(\frac{9}{2})^2$.

1 Gegeben sind quadratische Terme, Extremwerte und zugehörige Stellen. Verbinde die richtigen Kombinationen. Verwende jeweils unterschiedliche Farben.

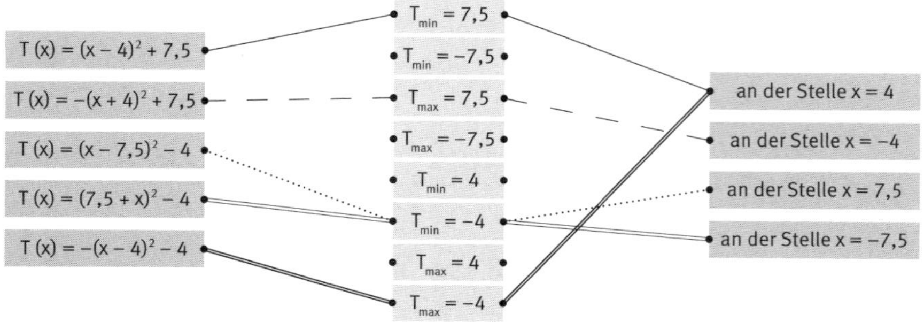

Connected by lines:
- $T(x) = (x-4)^2 + 7,5$ – $T_{min} = 7,5$ – an der Stelle x = 4
- $T(x) = -(x+4)^2 + 7,5$ – $T_{max} = 7,5$ – an der Stelle x = −4
- $T(x) = (x-7,5)^2 - 4$ – $T_{min} = -4$ – an der Stelle x = 7,5
- $T(x) = (7,5+x)^2 - 4$ – $T_{min} = -4$ – an der Stelle x = −7,5
- $T(x) = -(x-4)^2 - 4$ – $T_{max} = -4$ – an der Stelle x = 4

2 Forme mithilfe einer quadratischen Ergänzung so um, dass man den Extremwert direkt ablesen kann.

	Term	Extremwert	an der Stelle
a)	$T(a) = -a^2 + 10a - 6$ $= -[a^2 - 10a + 5^2 - 5^2 + 6]$ $= -[(a-5)^2 - 5^2 + 6]$ $= -(a-5)^2 + 25 - 6 = -(a-5)^2 + 19$	$T_{max} = 19$	$a = 5$
b)	$T(b) = -\frac{1}{2}b^2 + 6b - 8$ $= -\frac{1}{2}[b^2 - 12b + 36 - 36 + 16]$ $= -\frac{1}{2}[(b-6)^2 - 36 + 16]$ $= -\frac{1}{2}(b-6)^2 + 10$	$T_{max} = 10$	$b = 6$
c)	$T(c) = -4c^2 + 20c - 1$ $= -4[c^2 - 5c + 2,5^2 - 2,5^2 + \frac{1}{4}]$ $= -4 \cdot [(c-2,5)^2 - 6,25 + \frac{1}{4}]$ $= -4(c-2,5)^2 + 24$	$T_{max} = 24$	$c = 2,5$
d)	$T(d) = \frac{1}{4}d^2 - \frac{1}{2}d - 3$ $= \frac{1}{4}[d^2 - 2d + 1^2 - 1^2 - 12]$ $= \frac{1}{4} \cdot [(d-1)^2 - 1 - 12]$ $= \frac{1}{4}(d-1)^2 - \frac{13}{4}$	$T_{min} = -\frac{13}{4}$	$d = 1$

1 Tante Berta bringt für ihre Nichten Marie und Sonja Geschenke mit. Hierzu hat sie in neun kleinen Schächtelchen jeweils gleich viel Geld versteckt. Sonja bekommt vier der Schächtelchen und 7 € dazu, während Marie zwar fünf Schächtelchen, aber nur 1 € extra erhält. Die Mädchen sollen vor dem Auspacken zuerst herausfinden, wie viel Geld in den Schächtelchen versteckt ist. Natürlich bekommen die Mädchen gleich viel von ihrer Tante. Ergänze die zeichnerische und rechnerische Lösung.

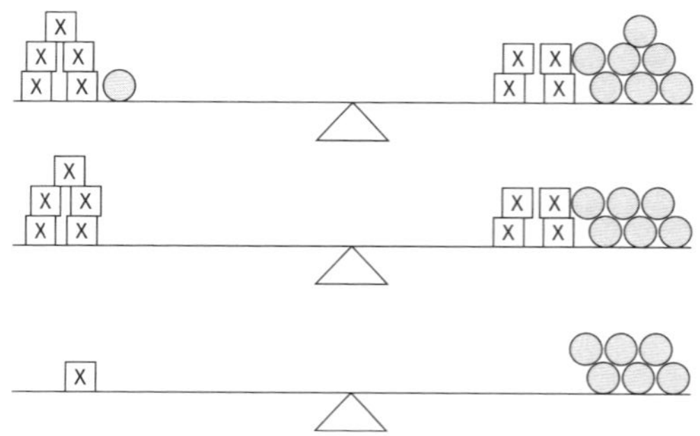

$5x + 1 = 4x + 7$ | −1

⇔ $5x = 4x + 6$ | −4x

⇔ $x = 6$

$\mathbb{L} = \{6\}$

2 Löse die Gleichungen. Markiere dann die einzelnen Streifen der Flaggen in den Farben, die deiner Lösung zugeordnet sind, und finde heraus, zu welchen europäischen Ländern die Flaggen gehören.

a) $7x - 3 = 5x$ | −5x $\mathbb{G} = \mathbb{Q}$
⇔ $2x - 3 = 0$ | +3
⇔ $2x = 3$ | : 2
⇔ $x = 1,5$
$\mathbb{L} = \{1,5\}$

b) $4 - 3x = 9 + x$ | −x $\mathbb{G} = \mathbb{Q}$
⇔ $4 - 4x = 9$ | −4
⇔ $-4x = 5$ | : (−4)
⇔ $x = -1,25$
$\mathbb{L} = \{-1,25\}$

c) $3,5x - \frac{36}{3} = -12 + 9,7x$ $\mathbb{G} = \mathbb{Z}^-$
⇔ $3,5x - 12 = -12 + 9,7x$ | +12
⇔ $3,5x = 9,7x$ | −9,7x
⇔ $-6,2x = 0$ | : (−6,2)
$x = 0$ $\mathbb{L} = \emptyset$

d) $3,2x - 5x + 1,8 = 9,36$ $\mathbb{G} = \mathbb{Q}_0^-$
⇔ $-1,8x + 1,8 = 9,36$ | −1,8
⇔ $-1,8x = 7,56$ | : (−1,8)
⇔ $x = -4,2$
$\mathbb{L} = \{-4,2\}$

e) $-0,5x = 7,2 - 2,5x + 12,8$ $\mathbb{G} = \mathbb{N}$
⇔ $-0,5x = 20 - 2,5x$ | +2,5x
⇔ $2x = 20$ | : 2
⇔ $x = 10$
$\mathbb{L} = \{10\}$

f) $-3(x-2) = 5,2 - 7x$ $\mathbb{G} = \mathbb{Q}^+$
⇔ $-3x + 6 = 5,2 - 7x$ | +7x
⇔ $4x + 6 = 5,2$ | −6
⇔ $4x = -0,8$ | : 4
⇔ $x = -0,2$ $\mathbb{L} = \emptyset$

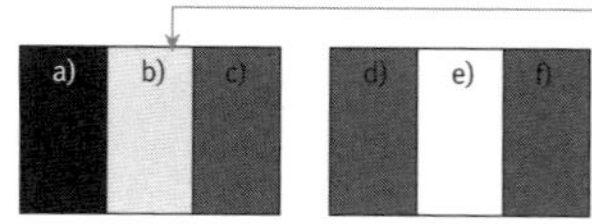

Ø | 10 | 1,5 | −1,25
−4,2 | −2 | 8 | 4,2

Land: *Belgien* *Italien*

1 Ergänze die fehlenden Rechenschritte und die Lösungsmenge ($\mathbb{G} = \mathbb{Q}$).

a) $-2 \cdot (\underline{0{,}3} - 1{,}2y) = (7y - 4) : 5$

$\Leftrightarrow \quad -0{,}6 + \underline{2{,}4y} = 1{,}4y - \underline{0{,}8} \quad | -1{,}4y$

$\Leftrightarrow \quad -0{,}6 + \underline{y} = -0{,}8 \quad | +0{,}6$

$\Leftrightarrow \quad y = \underline{-0{,}2}$

$\mathbb{L} = \{\underline{-0{,}2}\}$

b) $(a + 4)^2 - a = (a - 3) \cdot (a + 5)$

$\Leftrightarrow \quad a^2 + \underline{8a} + 16 - \underline{a} = a^2 \underline{+5a} - 3a - \underline{15} \quad | -a^2$

$\Leftrightarrow \quad \underline{7a} + 16 = 2a \underline{-15} \quad | \underline{-2a}$

$\Leftrightarrow \quad 5a + \underline{16} = \underline{-15} \quad | -16$

$\Leftrightarrow \quad \underline{5a} = -31 \quad | \underline{:5}$

$\Leftrightarrow \quad a = \underline{-6{,}2}$

$\mathbb{L} = \{\underline{-6{,}2}\}$

2 Gib jeweils die zugehörige Grundmenge und Gleichung an und bestimme dann die Lösungsmenge.

a) Subtrahiert man vom Fünffachen einer natürlichen Zahl die Zahl 7, so erhält man das Doppelte der Summe aus 13 und der gesuchten Zahl.

$5x - 7 = 2 \cdot (13 + x)$

$\Leftrightarrow \quad 5x - 7 = 26 + 2x \quad | -2x$

$\Leftrightarrow \quad 3x - 7 = 26 \quad | +7$

$\Leftrightarrow \quad 3x = 33 \quad | :3$

$\Leftrightarrow \quad x = 11$

$\mathbb{G} = \underline{\mathbb{N}}$ $\quad \mathbb{L} = \{\underline{11}\}$

b) Multipliziert man die Differenz aus dem Vierfachen einer rationalen Zahl und 5 mit der gesuchten Zahl, so erhält man das Quadrat aus der Summe von 3 und dem Doppelten der Zahl.

$(4x - 5) \cdot x = (3 + 2x)^2$

$\Leftrightarrow \quad 4x^2 - 5x = 9 + 12x + 4x^2 \quad | -4x^2$

$\Leftrightarrow \quad -5x = 12x + 9 \quad | -12x$

$\Leftrightarrow \quad -17x = 9 \quad | :(-17)$

$\Leftrightarrow \quad x = -\frac{9}{17}$

$\mathbb{G} = \underline{\mathbb{Q}}$ $\quad \mathbb{L} = \{-\frac{9}{17}\}$

3 **a)** Gib für die nebenstehenden Zeichnungen die Flächeninhalte A_1 und A_2 als Maßzahlterm an.

$A_1 = 11 \cdot \underline{5} - x \cdot \underline{x} = \underline{55 - x^2}$

$A_2 = (8 - \underline{x}) \cdot (\underline{6} + \underline{x}) = \underline{48 + 8x - 6x - x^2}$

$= \underline{48 + 2x - x^2}$

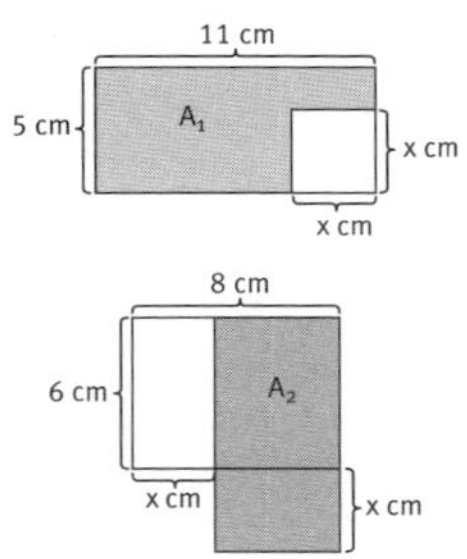

b) Gib ein sinnvolles Intervall für x an. $\underline{x \in [0; 5]}$

c) Für welchen Wert von x haben A_1 und A_2 denselben Flächeninhalt?

$55 - x^2 = 48 + 2x - x^2 \quad | +x^2$

$\Leftrightarrow \quad 55 = 48 + 2x \quad | -48$

$\Leftrightarrow \quad 7 = 2x \quad | :2$

$\Leftrightarrow \quad x = 3{,}5 \quad \mathbb{L} = \{3{,}5\}$

1 Löse zuerst im Kopf die Ungleichung und gib dann für die unterschiedlichen Grundmengen jeweils die Lösungsmengen an.

	Ungleichung	gelöste Ungleichung	$\mathbb{G} = \mathbb{N}_0$	$\mathbb{G} = \mathbb{Q}_0^-$	$\mathbb{G} = \mathbb{Q}$
a)	$-2x \geqq 0$	$x \ (\leqq) \ 0$	$\mathbb{L} = \{0\}$	$\mathbb{L} = \mathbb{Q}_0^-$	$\mathbb{L} = \mathbb{Q}_0^-$
b)	$6y > 4y - 7$	$y > -3{,}5$	$\mathbb{L} = \mathbb{N}_0$	$\mathbb{L} =]-3{,}5; 0]$	$\mathbb{L} = \{y \mid y > -3{,}5\}$
c)	$-3a \geqq 2a - 16$	$a \leqq 3{,}2$	$\mathbb{L} = \{0; 1; 2; 3\}$	$\mathbb{L} = \mathbb{Q}_0^-$	$\mathbb{L} = \{a \mid a \leqq 3{,}2\}$
d)	$8t > 25 - 2t$	$t > 2{,}5$	$\mathbb{L} = \mathbb{N} \setminus \{1; 2\}$	$\mathbb{L} = \emptyset$	$\mathbb{L} = \{t \mid t > 2{,}5\}$

2 Bestimme jeweils die Lösungsmenge und stelle sie in verschiedenen Farben (grün, rot bzw. blau) auf der Zahlengerade dar. Achte besonders auf die Grundmenge.

a) $\mathbb{G} = \mathbb{N}$

$3x + 2 > 5x - 6{,}6 \quad | -5x$

$\Leftrightarrow \quad -2x + 2 > -6{,}6 \quad | -2$

$\Leftrightarrow \quad -2x > -8{,}6 \quad | :(-2)$

$\Leftrightarrow \quad x < 4{,}3$

$\mathbb{L} = \underline{\{1; 2; 3; 4\}}$

b) $\mathbb{G} = \mathbb{Q}_0^-$

$(x - 3) \cdot (-4) \geqq 12 - 5x$

$\Leftrightarrow \quad -4x + 12 \geqq 12 - 5x \quad | -12$

$\Leftrightarrow \quad -4x \geqq -5x \quad | +5x$

$\Leftrightarrow \quad x \geqq 0$

$\mathbb{L} = \underline{\{0\}}$

c) $\mathbb{G} = \mathbb{Q}$

$2\frac{1}{2}x - 3 \leqq \frac{5}{6}x - 5{,}5 \quad | +3$

$\Leftrightarrow \quad 2\frac{1}{2}x \leqq \frac{5}{6}x - 2{,}5 \quad | -\frac{5}{6}x$

$\Leftrightarrow \quad \frac{5}{3}x \leqq -2{,}5 \quad | :\frac{5}{3}$

$\Leftrightarrow \quad x \leqq -1{,}5$

$\mathbb{L} = \underline{\{x \mid x \leqq -1{,}5\}}$

3 Jonas und Max nehmen an einem Skateboard-Rennen teil. Welchen Platz sie belegt haben, kannst du aus den Lösungen der Ungleichungen ermitteln.

Jonas:

$-3 \cdot (-6x - 2) < 21x - 8{,}4 \quad \mathbb{G} = \mathbb{Q}$

$\Leftrightarrow \quad 18x + 6 < 21x - 8{,}4 \quad | -21x$

$\Leftrightarrow \quad -3x + 6 < -8{,}4 \quad | -6$

$\Leftrightarrow \quad -3x < -14{,}4 \quad | :(-3)$

$\Leftrightarrow \quad x > 4{,}8$

$\mathbb{L} = \{x \mid x > 4{,}8\}$ $\quad$ Platz: 4

Max:

$-4 \cdot (0{,}5x - 0{,}95) \geqq -2{,}5x + 1{,}05 \quad \mathbb{G} = \mathbb{Q}_0^-$

$\Leftrightarrow \quad -2x + 3{,}8 \geqq -2{,}5x + 1{,}05 \quad | +2{,}5x$

$\Leftrightarrow \quad 0{,}5x + 3{,}8 \geqq 1{,}05 \quad | -3{,}8$

$\Leftrightarrow \quad 0{,}5x \geqq -2{,}75 \quad | \cdot 2$

$\Leftrightarrow \quad x \geqq -5{,}5$

$\mathbb{L} = [-5{,}5; 0]$ $\quad$ Platz: 1

Platz 1 Platz 2 Platz 3 Platz 4

1 Die rot dargestellte Lösungsmenge ist aus der blauen und der grünen durch eine der beiden Verknüpfungen (∧ bzw. ∨) entstanden. Markiere zu $\mathbb{L}_1$ und $\mathbb{L}_2$ jeweils die zugehörige Gleichung bzw. Ungleichung farbig. Kreise dann die zutreffende Verknüpfungsart und eine mögliche Grundmenge ein.

a) 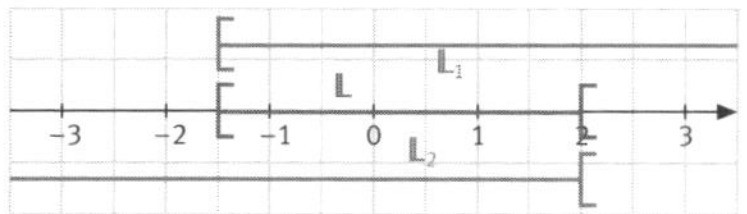

b) 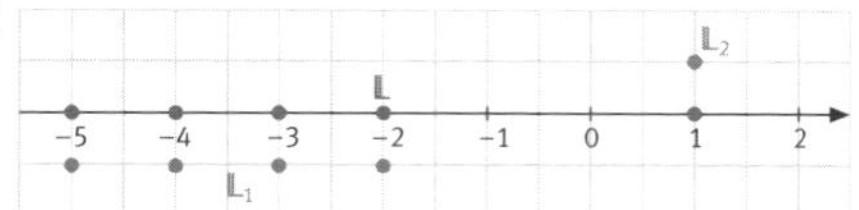

a) rot: (G = Q) (∧) x > −1,5 ∨ G = $\mathbb{Q}_0^+$
x ≧ −1,5 (blau) x > 2 G = Z x < 2 (grün)

b) rot: x ≦ −1 (∨) x < −2 ∧ G = Q
G = N x = 1 (grün) (G = Z) x < −1,5 (blau)

2 Gib für die Ungleichung die Lösungsmengen $\mathbb{L}_1$ bzw. $\mathbb{L}_2$ über den angegebenen Grundmengen an und bestimme dann die Lösungsmenge $\mathbb{L}$ der Verknüpfung.

a)	G = Q	G = $\mathbb{Z}^-$	G = $\mathbb{Q}_0^+$
x ≦ 2	$\mathbb{L}_1$ = {x|x ≦ 2}	} $\mathbb{L}_1$ = $\mathbb{Z}^-$	$\mathbb{L}_1$ = [0 ; 2]
x > −3,4	$\mathbb{L}_2$ = {x|x > −3,4}	$\mathbb{L}_2$ = {−3; −2; −1}	$\mathbb{L}_2$ = $\mathbb{Q}_0^+$
x ≦ 2 ∧ x > −3,4	$\mathbb{L}$ =]−3,4; 2]	$\mathbb{L}$ = {−3; −2; −1}	$\mathbb{L}$ = [0; 2]
x ≦ 2 ∨ x > −3,4	$\mathbb{L}$ = Q	$\mathbb{L}$ = $\mathbb{Z}^-$	$\mathbb{L}$ = $\mathbb{Q}_0^+$

b)	G = Q	G = N	G = $\mathbb{Q}_0^-$
x ≦ −5,1	$\mathbb{L}_1$ = {x|x ≦ −5,1}	$\mathbb{L}_1$ = ∅	$\mathbb{L}_1$ = {x|x ≦ −5,1}
x < 3	$\mathbb{L}_2$ = {x|x < 3}	$\mathbb{L}_2$ = {1; 2}	$\mathbb{L}_2$ = $\mathbb{Q}_0^-$
x ≦ −5,1 ∧ x < 3	$\mathbb{L}$ = {x|x ≦ −5,1}	$\mathbb{L}$ = ∅	$\mathbb{L}$ = {x|x ≦ −5,1}
x ≦ −5,1 ∨ x < 3	$\mathbb{L}$ = {x|x < 3}	$\mathbb{L}$ = {1; 2}	$\mathbb{L}$ = $\mathbb{Q}_0^-$

3 Spalte die Doppelungleichung in eine Verknüpfung zweier Ungleichungen auf und bestimme die Lösungsmenge mithilfe der Zahlengerade.
−10 + 3x ≦ 4x − 8 < 34 − 6x G = Q

−10 + 3x ≦ 4x − 8	|−4x	∧	4x − 8 < 34 − 6x	|+6x
−10 − x ≦ −8	|+10		10x − 8 < 34	|+8
−x ≦ 2	|: (−1)		10x < 42	|: 10
x ≧ −2			x < 4,2	

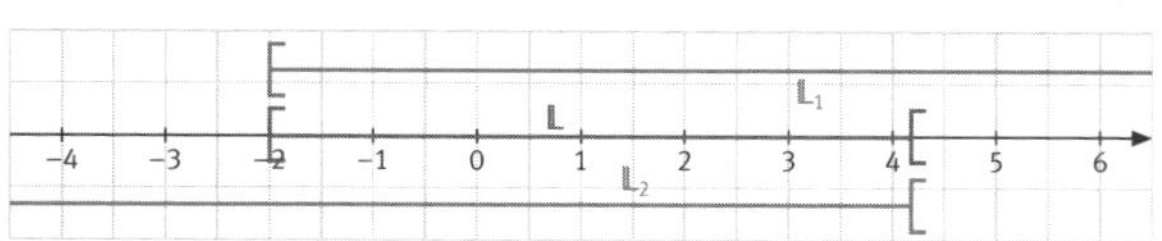

$\mathbb{L}_1$ = {x|x ≧ −2}
$\mathbb{L}_2$ = {x|x < 4,2}
$\mathbb{L}$ = [−2; 4,2[

1 Gegeben sind die Mengen A = {−2; 0; 1} und B = {−7; 5}. Bilde die folgenden Produktmengen in aufzählender Form.

A × B = {(−2 | −7); (−2 | 5); (0 | −7); (0 | 5); (1 | −7); (1 | 5)}

B × A = {(−7 | −2); (−7 | 0); (−7 | 1); (5 | −2); (5 | 0); (5 | 1)}

B × B = {(−7 | −7); (−7 | 5); (5 | −7); (5 | 5)}

2 Das höchstwertige Solospiel beim Schafkopf ist der sogenannte „Sie“. Welche Karten ein Spieler dabei auf der Hand hält, kannst du als Produktmenge folgender Mengen ermitteln:
A = {U; O} (U: „Unter“, O: „Ober“)
B = {  }
Ergänze das Kartenblatt.

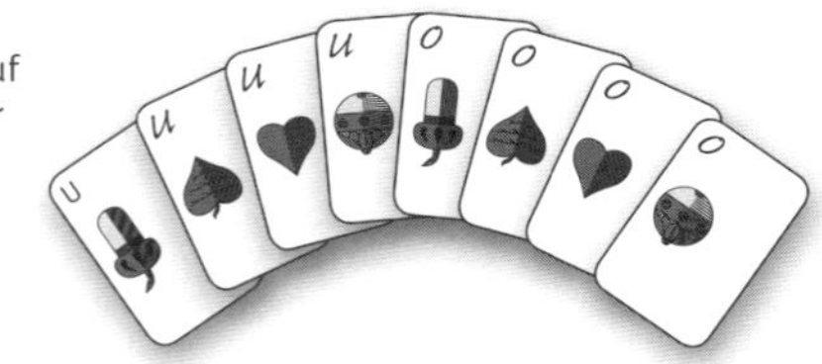

3 Stelle die Produktmengen grafisch dar.

a) {−1; 1; 2; 4} × {1; 3}
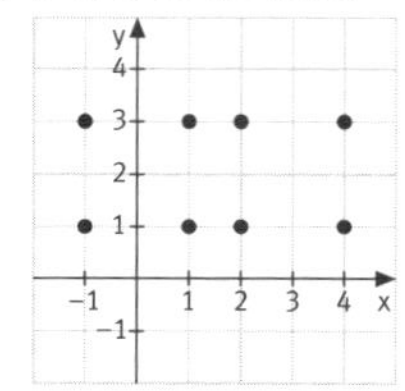

b) [−2; 3] × {−1; 1; 3}
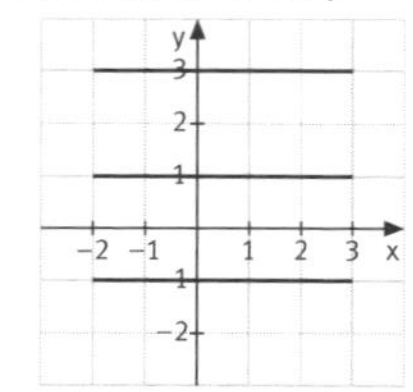

c) {−1; 4} × [0; 2]
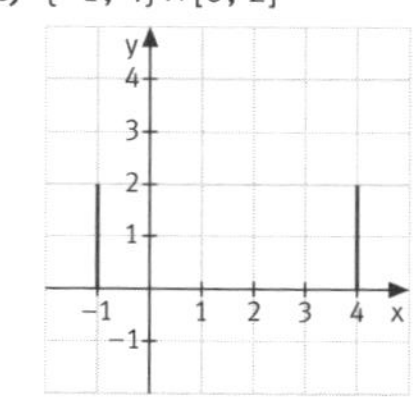

4 Dargestellt sind Produktmengen E × F = {(x|y)| x ∈ E ∧ y ∈ F}. Gib die Mengen E und F an.

a) 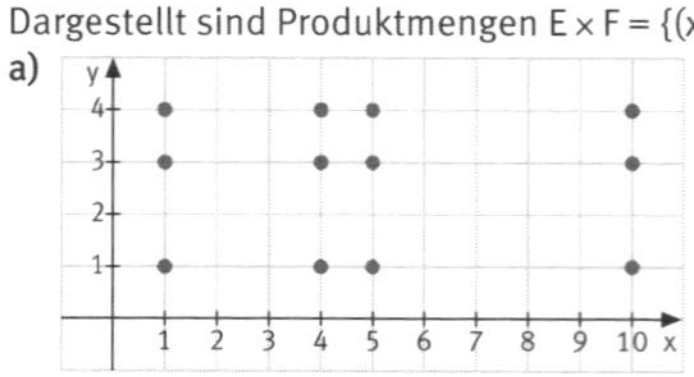
E = {1; 4; 5; 10}
F = {1; 3; 4}

b) 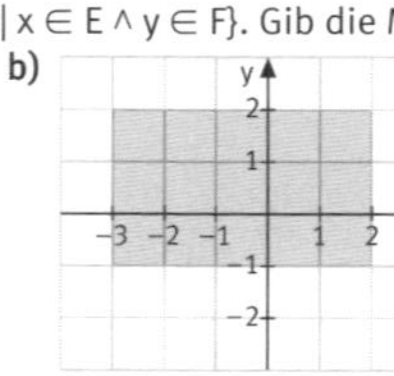
E = [−3; 2]
F = [−1; 2]

c) 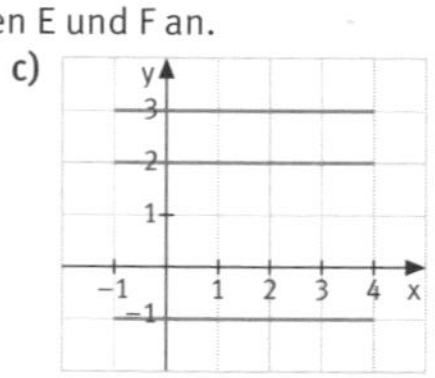
E = [−1; 4]
F = {−1; 2; 3}

5 Vervollständige die Mengen A und B sowie die Produktmenge so, dass gilt: A × B = B × A.

A = {0; 2; 7} B = {0; 2; 7}

A × B = B × A = {(0 | 0); (0 | 2); (0 | 7); (2|0); (2 | 2); (2 | 7); (7 | 0); (7 | 2); (7 | 7)}

1 Finde zu jeder dargestellten Relation ($\mathbb{G} = M_1 \times M_2$) eine mögliche Relationsvorschrift mit $x \in M_1$ und $y \in M_2$ und bestimme jeweils die Definitions- und die Wertemenge.

a)
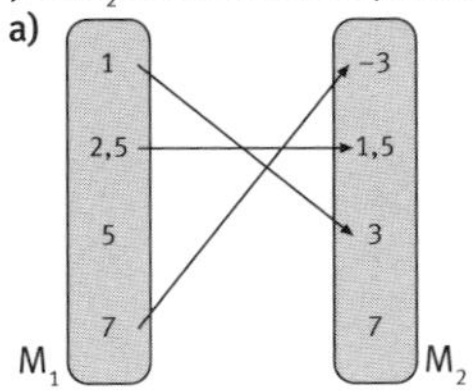

R: $x + y = 4$

$\mathbb{D} = \{1; 2{,}5; 7\}$

$\mathbb{W} = \{-3; 1{,}5; 3\}$

b)
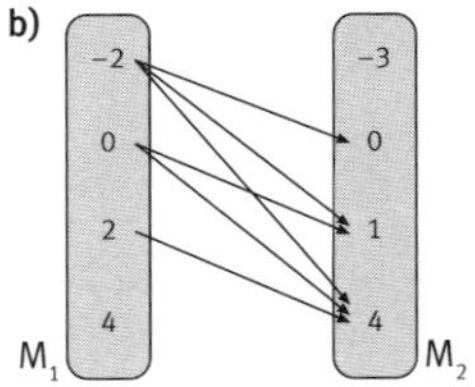

R: $y > x$

$\mathbb{D} = \{-2; 0; 2\}$

$\mathbb{W} = \{0; 1; 4\}$

c)
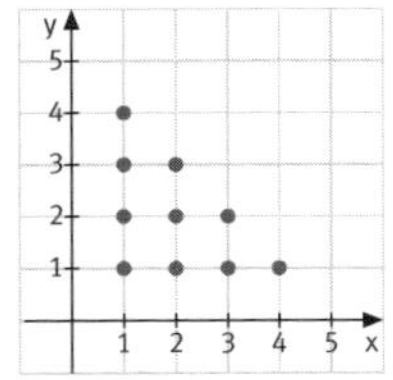

R: $x + y \leq 5$

$\mathbb{D} = \{1; 2; 3; 4\}$

$\mathbb{W} = \{1; 2; 3; 4\}$

2 Gib die Relation jeweils in der abgebildeten Form sowie die Definitions- und Wertemenge an.

a) $R = \{(x|y) | x < |y|\}$ mit $\mathbb{G} = \{-1; 0{,}5; 1; 2\} \times \{-1; 2; 3\}$

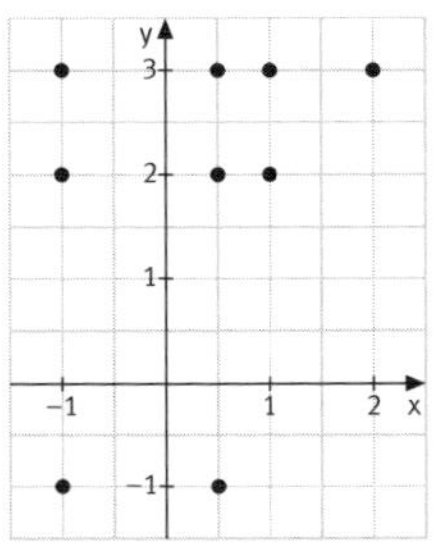

$\mathbb{D} = \{-1; 0{,}5; 1; 2\}$

$\mathbb{W} = \{-1; 2; 3\}$

b) $R = \{(x|y) | y - 3x = 5\}$ $\mathbb{G} = A \times \{-4; -1; 3{,}5; 7; 9; 11\}$

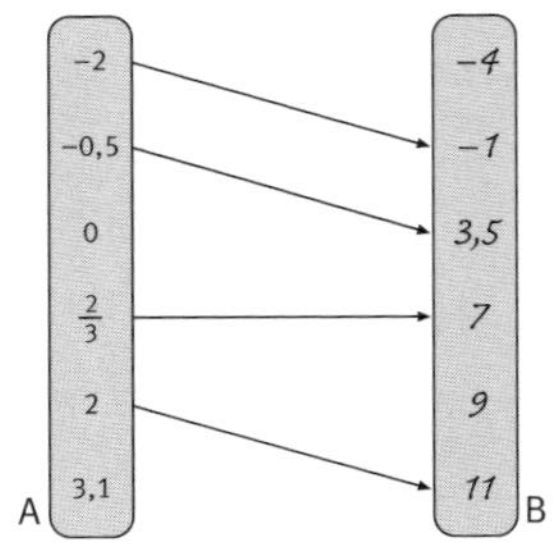

$\mathbb{D} = \{-2; -0{,}5; \frac{2}{3}; 2\}$

$\mathbb{W} = \{-1; 3{,}5; 7; 11\}$

c) $R = \{(x|y) | y \geq 0{,}5x\}$ $\mathbb{G} = \{-1; 0; 1; 2; 3\} \times [-1; 3]$

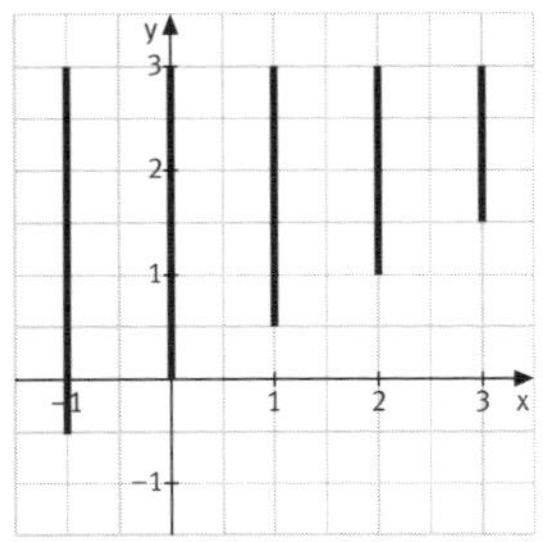

$\mathbb{D} = \{-1; 0; 1; 2; 3\}$

$\mathbb{W} = [-0{,}5; 3]$

3 Eine Relation mit der Grundmenge $\mathbb{G} = \{-3; -1{,}5; 2; 24\} \times \{-4; -2; 0; 0{,}5; 8\}$ enthält alle Zahlenpaare, für die gilt: Das Produkt aus der 1. und der 2. Komponente ist 12.

a) Wie lautet die Relationsvorschrift in mathematischer Schreibweise? $R: x \cdot y = 12$

b) Gib die Relation in aufzählender Form an. $R = \{(-3|-4); (24|0{,}5)\}$

4 Alle Elemente $(x|y) \in F \times L$ der Relation R erfüllen die Relationsvorschrift: x ist ein Fluss in y.

a) Bilde die Mengen F (Flüsse) und L (Länder) für R (Rhein), D (Deutschland), NL (Niederlande), Do (Donau), I (Inn), CH (Schweiz) und A (Österreich).

F = {R; Do; I} L = {D; NL; CH; A}

b) Gib die Relation R in aufzählender Form an.

R = {(R|D); (R|NL); (R|CH); (R|A); (Do|D); (Do|A); (I|D); (I|CH); (I|A)}

1 Entscheide, ob der Graph eine Funktion darstellt.

a)
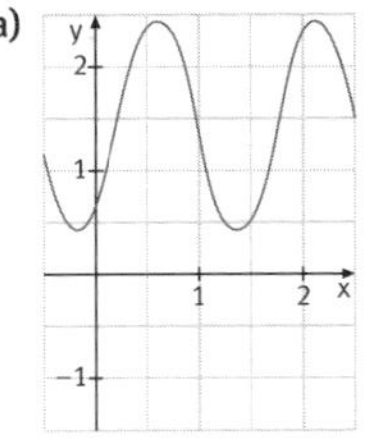

⊗ Funktion
○ keine Funktion

b)
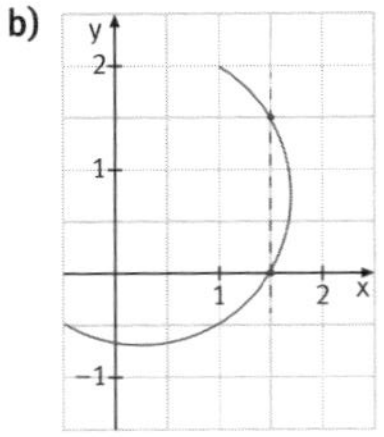

○ Funktion
⊗ keine Funktion

c)
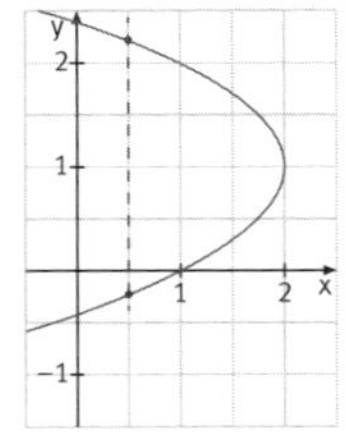

○ Funktion
⊗ keine Funktion

d)
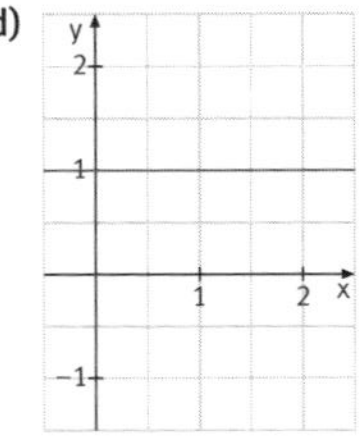

⊗ Funktion
○ keine Funktion

2 Liegt eine Funktion vor?

a)	R = {(−2|3); (−1|2); (0|1); (1|2); (2|3); (3|4)}	⊗ Funktion	○ keine Funktion
b)	R = {(3|−2); (2|−1); (1|0); (2|1); (3|2); (4|3)}	○ Funktion	⊗ keine Funktion
c)	R = {(−2|7); (−1|7); (0|7); (1|7); (2|7); (3|7)}	⊗ Funktion	○ keine Funktion
d)	R = {(−4|−1); (−4|0); (−4|1); (−4|2); (−4|3); (−4|4)}	○ Funktion	⊗ keine Funktion

3 Überprüfe, ob die folgenden Funktionen eine Nullstelle haben und gib diese gegebenenfalls an.

a)
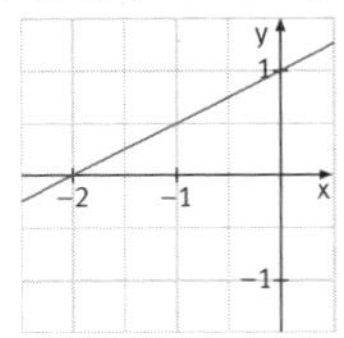

$x = -2$

b)
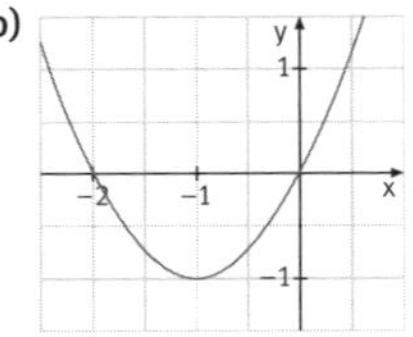

$x_1 = -2; x_2 = 0$

c)
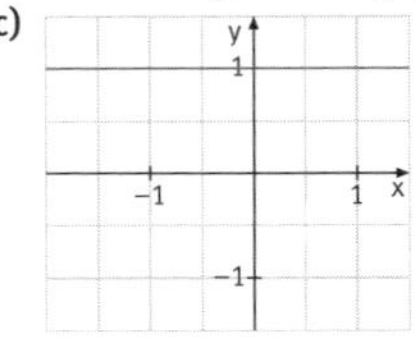

keine Nullstelle

d)
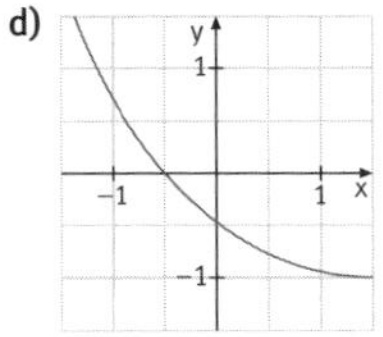

$x = -0{,}5$

e) R = {(−1|1,5); (0|1); (1|0,5); (2|0); (3|−0,5)} $x = 2$

f) R = {(−2|−2,5); (−1|−1); (0|−0,5); (1|−1); (2|−2,5)} keine Nullstelle

g) R = {(−7|0); (−3|0); (0|0); (2|0)} $x_1 = -7; x_2 = -3; x_3 = 0; x_4 = 2$

h) $R = \{(x|y) | y = 0{,}5x - 1\}$ mit $\mathbb{G} = \mathbb{Q} \times \mathbb{Q}$ $x = 2$

4 Die Funktion f mit $y = 0{,}5 \cdot |x| - 1$ hat die Grundmenge $\mathbb{G} = \mathbb{Q} \times \mathbb{Q}$.

a) Erstelle für f eine Wertetabelle für $x \in [-3; 3]$ mit $\Delta x = 1$.

x	−3	−2	−1	0	1	2	3
y	0,5	0	−0,5	−1	−0,5	0	0,5

b) Zeichne den Graphen der Funktion.

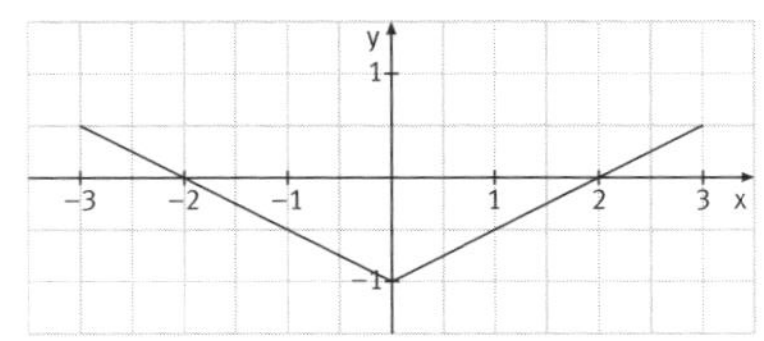

c) Bestimme die Nullstellen der Funktion.

$x_1 = -2; x_2 = 2$

1 a) Ordne die Gegenstände mit Pfeilen so zu, dass gilt: „Mit dem Werkzeug x kann man den Gegenstand y bearbeiten."

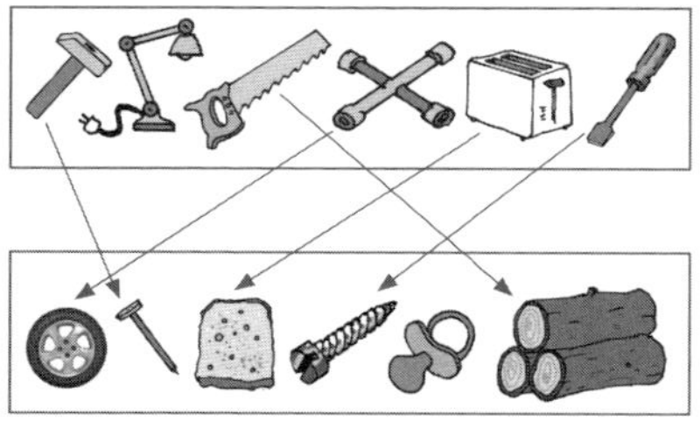

b) Zeichne die Umkehrung der Zuordnung aus Teilaufgabe a).

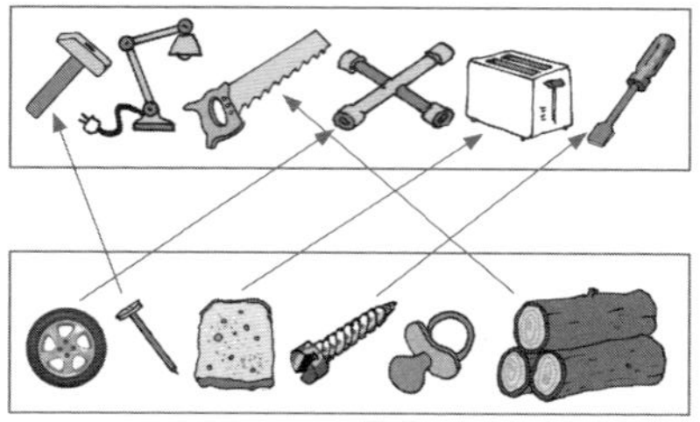

c) Wie könnte die Zuordnungsvorschrift für Teilaufgabe b) lauten?

Zum Bearbeiten des Gegenstandes x benötigt man das Werkzeug y.

2 Zeichne jeweils die Umkehrrelation R^{-1} ein und entscheide, ob sie eine Funktion darstellt.

a)

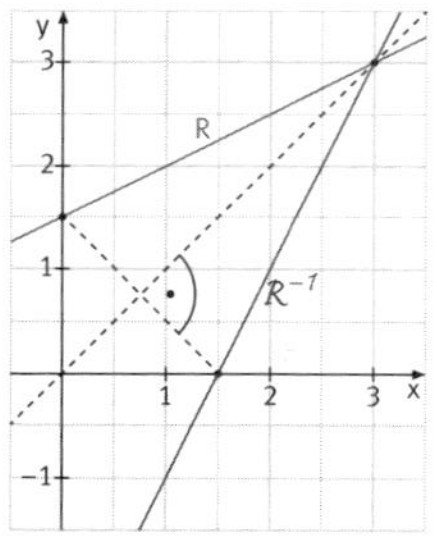

⊗ R^{-1} ist eine Funktion.
○ R^{-1} ist keine Funktion.

b)

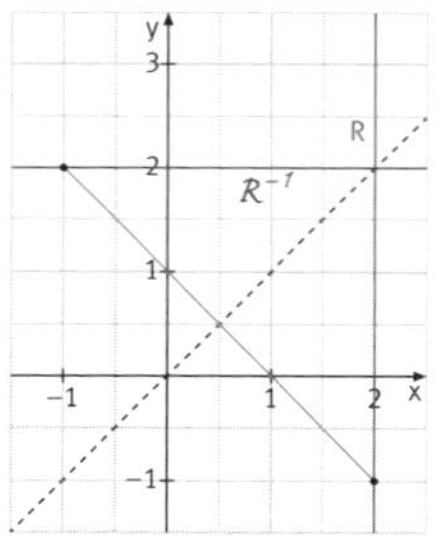

⊗ R^{-1} ist eine Funktion.
○ R^{-1} ist keine Funktion.

c)

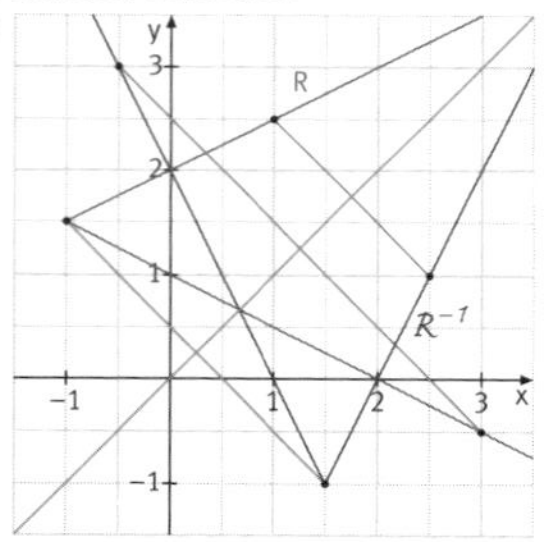

⊗ R^{-1} ist eine Funktion.
○ R^{-1} ist keine Funktion.

3 Gib die Umkehrrelation R^{-1} bzw. die Relation R sowie ihre Definitions- und Wertemengen an.

a) $R = \{(-2|0); (-1|1); (0|2); (1|3); (2|4)\}$ D = *{−2; −1; 0; 1; 2}* W = *{0; 1; 2; 3; 4}*

R^{-1} = *{(0|−2); (1|−1); (2|0); (3|1); (4|2)}* D^{-1} = *{0; 1; 2; 3; 4}* W^{-1} = *{−2; −1; 0; 1; 2}*

b) R = *{(9|−3); (1|−1); (0|0); (1|1); (9|3)}* D = *{0; 1; 9}* W = *{−3; −1; 0; 1; 3}*

$R^{-1} = \{(-3|9); (-1|1); (0|0); (1|1); (3|9)\}$ D^{-1} = *{−3; −1; 0; 1; 3}* W^{-1} = *{0; 1; 9}*

4 Bestimme die Gleichung der Umkehrfunktion f^{-1} für $f = \{(x|y) \mid y = -0{,}5x + 8\}$ mit $\mathbb{G} = \mathbb{Q} \times \mathbb{Q}$.

f: $y = -0{,}5x + 8$

f^{-1}: $x = -0{,}5y + 8$ | −8

⇔ $x - 8 = -0{,}5y$ | : (−0,5)

⇔ $-2x + 16 = y$

f^{-1}: $y = -2x + 16$

1 a) Welche Graphen gehören zu einer Funktion mit einer Gleichung der Form y = mx?

⊗ f_1 ○ f_2 ⊗ f_3 ○ f_4 ○ f_5

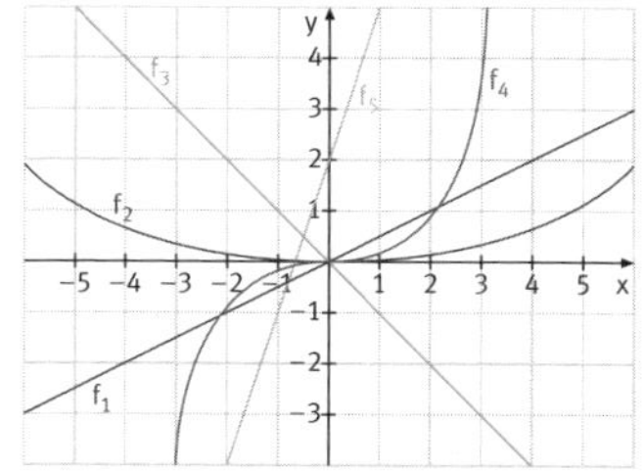

b) Lies aus der Zeichnung fünf geeignete Zahlenpaare (x|y) ab, die zu f_1 gehören. *Lösungsmöglichkeit:*

x	4	2	0	−2	−4
y	2	1	0	−1	−2

c) Finde anhand der Tabelle aus Teilaufgabe b) heraus, welcher Zusammenhang zwischen x und y besteht.

„y ist immer halb so groß wie x."

d) Gib die Geradengleichung zu f_1 an. *f_1: $y = \frac{1}{2}x$*

2 Die gegebenen Punkte liegen auf dem Graph einer linearen Funktion mit einer Gleichung der Form y = mx. Ordne durch Ankreuzen die Punkte der passenden Funktionsgleichung zu.

	A (1|−3)	B (−3|−2,4)	C (−0,9|0,9)	D (2|−1,4)	E (2,8|−2,8)	F (0|0)	G (5|4)	H (−5|3,5)
f_1: $y = -3x$	×					×		
f_2: $y = \frac{4}{5}x$		×				×	×	
f_3: $y = -0{,}7x$				×		×		×
f_4: $y = -x$			×		×	×		

3 Berechne zuerst im Kopf die fehlenden Koordinaten eines auf dem Funktionsgraphen liegenden Punktes ($x \neq 0$) und zeichne dann die Graphen.

a) f_1: $y = -\frac{1}{5}x$ A (3| *−0,6*)
f_2: $y = 2{,}5x$ B (1| *2,5*)
f_3: $y = -1{,}5x$ C (−2| *3*)
f_4: $y = \frac{3}{4}x$ D (2| *1,5*)

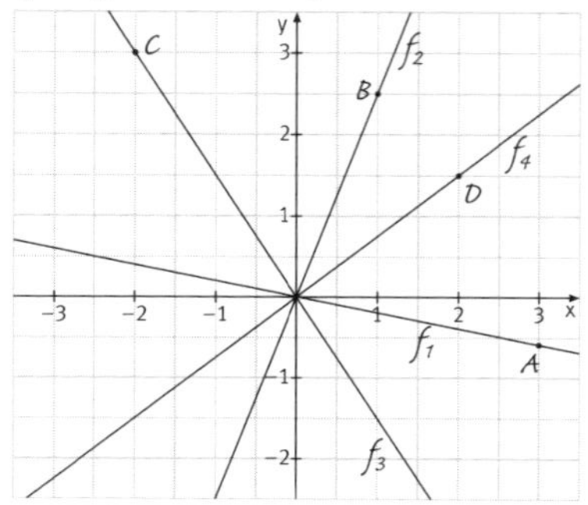

b) f_1: $y = \frac{2}{3}x$ A (*3* | *2*)
f_2: $y = -3x$ B (*−1* | *3*)
f_3: $y = -0{,}4x$ C (*3* | *−1,2*)
f_4: $y = 0$ D (*2* | *0*)

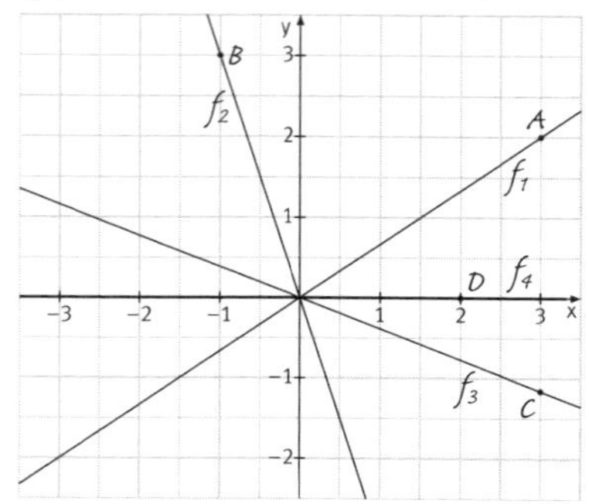

1 Lies aus den Geradengleichungen jeweils die Steigung m ab, verwandle sie gegebenenfalls in einen Bruch und zeichne dann die zugehörige Gerade mithilfe eines Steigungsdreiecks.

g_1: y = −1,5x

m = *−1,5* = $-\frac{3}{2}$

g_2: y = 0,4x

m = *0,4* = $\frac{2}{5}$

g_3: y = $-\frac{2}{3}$x

m = $-\frac{2}{3}$

g_4: y = 0,75x

m = 0,75 = $\frac{3}{4}$

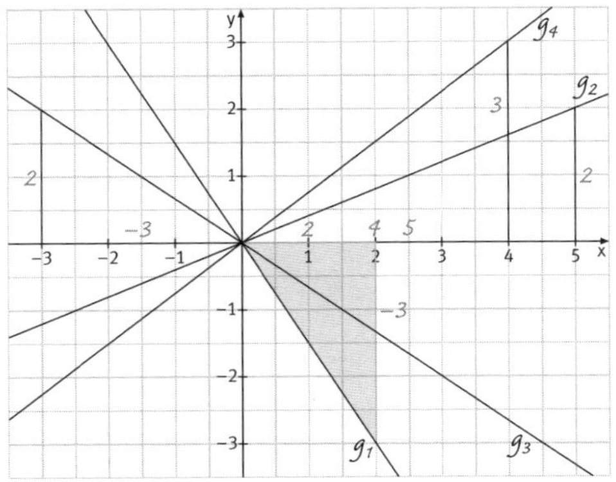

2 Gib jeweils die Steigung der Geraden und die Geradengleichung an.

a) 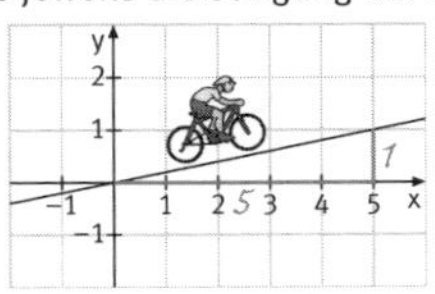 **b)** 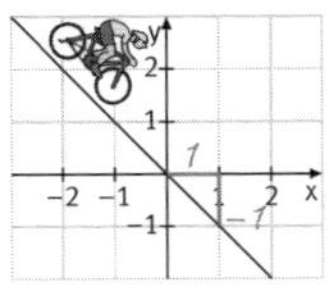 **c)** 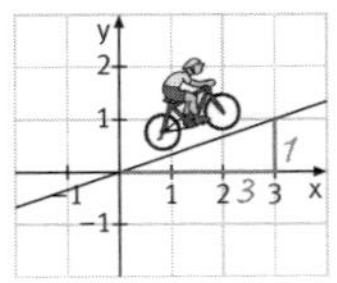 **d)** 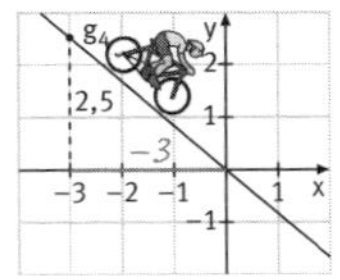

m_1 = $\frac{1}{5}$ m_2 = −1 m_3 = $\frac{1}{3}$ m_4 = $\frac{2,5}{-3}$ = $-\frac{5}{6}$

g_1: y = $\frac{1}{5}x$ g_2: y = −x g_3: y = $\frac{1}{3}x$ g_4: y = $-\frac{5}{6}x$

b) Aus den Skizzen anderer „Radwege“ haben sich weitere Steigungen ergeben:

Weg 1	Weg 2	Weg 3	Weg 4	Weg 5	Weg 6
m_1 = −0,25	$m_2 = \frac{1}{4}$	m_3 = 0	m_4 = −0,8	m_5 = −2	$m_6 = -\frac{4}{5}$

① Bei welchen Wegen fährt der Radfahrer …

bergab? *Weg 1, 4, 5 und 6* bergauf? *Weg 2* in der Ebene? *Weg 3*

② Welche Wege sind gleich steil? *Weg 4 und 6, Weg 1 und 2 (aber 1 fällt, 2 steigt)*

3 Die gegebenen Punkte liegen jeweils auf einer Ursprungsgerade. Bestimme zunächst den Steigungsvektor und dann die Steigung. Gib dann die Geradengleichung an.

a) A (−2|2,6)

$\overrightarrow{OA} = \binom{-2}{2,6}$

m = $\frac{2,6}{-2}$ = −1,3

g: y = −1,3x

b) B (−1,2|−3)

$\overrightarrow{OB} = \binom{-1,2}{-3}$

$m = \frac{-3}{-1,2} = 2,5$

$g: y = 2,5x$

c) P (1|−3,2) und Q (−5|16)

$\overrightarrow{PQ} = \binom{-5 - 1}{16 - (-3,2)} = \binom{-6}{19,2}$

$m = \frac{19,2}{-6} = -3,2$

$g: y = -3,2x$

1 Lies aus der Geradengleichung den y-Achsenabschnitt t und die Steigung m ab. Gib die Steigung auch als Bruch an und zeichne dann die Geraden mithilfe eines Steigungsdreiecks.

	t	m
g_1: y = −0,5x − 1	−1	$-0,5 = -\frac{1}{2}$
g_2: y = x + 2	2	$1 = \frac{2}{2}$
g_3: y = −1,5x + 1	1	$-1,5 = -\frac{3}{2}$
g_4: y = 0,25x	0	$0,25 = \frac{1}{4}$

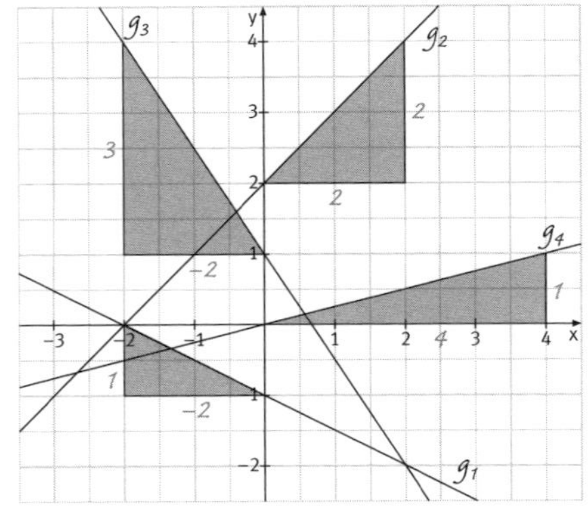

2 Ordne jeder Geradengleichung einen Graphen sowie einen Punkt auf dem zugehörigen Graphen zu und bestimme die Nullstelle (NST).

A (−2|−3) B (5|3,5) C (4|−7) D (6|8) E (3,5|8) F (8|−6)

y = −2x + 1	y = 0,5x + 1	y = −1x + 2	y = 1 + 2x
NST: *x = 0,5*	NST: *x = −2*	NST: *x = 2*	NST: *x = −0,5*

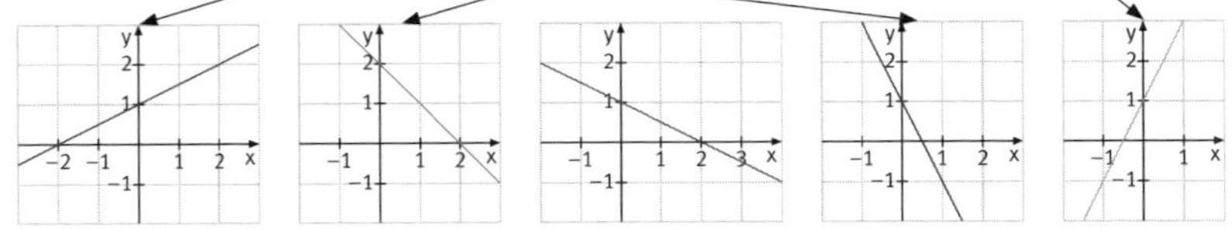

3 Bestimme die Gleichung der Gerade in Normalform.

a) Gerade g mit m = 4 und P (−3|−10,5) ∈ g

m = 4 in g: y = 4x + t

P (−3|−10,5) in g:

$-10,5 = 4 \cdot (-3) + t \quad | +12$

$1,5 = t$

$g: y = 4x + 1,5$

b) h = AB mit A (2|−1,8) und B (−1|5,4)

$\overrightarrow{AB} = \binom{-1 \; -2}{5,4 \; +1,8} = \binom{-3}{7,2}$

⇒ m = $\frac{7,2}{-3}$ = −2,4

m = −2,4 in h: y = −2,4x + t

A (2|−1,8) in h: $-1,8 = -2,4 \cdot 2 + t \quad | +4,8$

$3 = t$

$h: y = -2,4x + 3$

1 Die gesuchte Gerade g verläuft durch den gegebenen Punkt und besitzt die Steigung m.
a) Gib die Gleichung der Gerade in Punkt-Steigungs-Form (PSF) und in Normalform (NF) an.

	G (5|1,5), m = 0,75	E (2|−9), m = −4	R (0|6), m = $\frac{1}{3}$
PSF	g: y = 0,75 (x − 5) + 1,5	g: y = −4 (x − 2) + −9	g: y = $\frac{1}{3}$(x + 0) + 6
NF	g: y = 0,75 · x − 0,75 · 5 + 1,5 g: y = 0,75x − 2,25	g: y = −4x + 8 − 9 g: y = −4x − 1	g: y = $\frac{1}{3}$x + 6

b) Vervollständige die Lücken.

	A (3 |0), m = −1,2	D (−3 | 7), m = −1	E(0| 0), m = $\frac{2}{7}$
PSF	g: y = −1,2 (x − 3) + 0	g: y = −(x + 3) + 7	g: y = $\frac{2}{7}$(x − 0) + 0
NF	g: y = −1,2x + 3,6	g: y = −x − 3 + 7 g: y = −x + 4	g: y = $\frac{2}{7}$x

2 Die Gerade g verläuft durch die Punkte A und B. Berechne zunächst jeweils die Steigung der Gerade und bestimme dann die Geradengleichung in Normalform.

a) A (−2|8) und B (4|−7)

$m = \frac{y_B - y_A}{x_B - x_A} = \frac{-7-8}{4+2} = \frac{-15}{6} = -2,5$

m = −2,5 in g: y = −2,5x + t

A (−2 | 8) in g: 8 = −2,5 · (−2) + t | −5

t = 3

g: y = −2,5x + 3

b) A (−5|−4) und B (5|2)

$m = \frac{y_B - y_A}{x_B - x_A} = \frac{2+4}{5+5} = \frac{6}{10} = 0,6$

m = 0,6 in g: y = 0,6x + t

B (5|2) in g: 2 = 0,6 · 5 + t | −3

t = −1

g: y = 0,6x − 1

3 Forme die Funktionsgleichungen in die Normalform um und entscheide, auf welcher der zugehörigen Geraden die gegebenen Punkte liegen.

a)
g_1: 3x − 0,5y + 2 = 0 | + 0,5y
3x + 2 = 0,5y | · 2
g_1: y = 6x + 4

b)
g_2: y = −18 − 2 (x − 7)
y = −18 − 2x + 14
g_2: y = −2x − 4

c)
g_3: $\frac{1}{4}$y = $\frac{4}{5}$ (7 + x) − 5 | · 4
y = 3,2 (7 + x) − 20
g_3: y = 3,2x + 2,4

P (−2|−4) ∈ g_3 L (1|10) ∈ g_1 U (−1|−2) ∈ g_1, g_2 S (1|−6) ∈ g_2

1 In den gelben Kästchen stehen Funktionsgleichungen, die eine Gerade g beschreiben.
Markiere grün alle Geradengleichungen, die zu g parallele Geraden beschreiben, und blau alle Geradengleichungen, die zu g senkrechte Geraden darstellen.

a)

y = −5 (x + 1)	y = −5x − 1	y = 5 + 0,2x
y = −0,2x	g: y = 0,2x + 3	y = 0,2
y = $\frac{1}{5}$x	y = 5x + 2	y = 2,0x + 5

b)

y = x · (−2)	y = 1 − (x + 2)	y + 2x = 0
y = −x + 3	g: y = −(x + 2)	x = y + 1
y = 4 + x	x + y = 1	y = −1

2 Die Geraden g_1 und g_2 sind jeweils orthogonal, die Geraden g_1 und g_3 sind parallel.
Gib die Steigung von g_1 sowie die passenden Steigungen für g_2 bzw. für g_3 an.

	a)	b)	c)	d)
	g_1: y = −$\frac{2}{3}$ x	g_1: y = 4x + 5	g_1: y = −7x − 2	g_1: y = 0,4 (x − 3)
	m_1 = −$\frac{2}{3}$	m_1 = 4	m_1 = −7	m_1 = 0,4 = $\frac{2}{5}$
$g_2 \perp g_1$	m_2 = $\frac{3}{2}$ = 1,5	m_2 = −$\frac{1}{4}$	m_2 = $\frac{1}{7}$	m_2 = −$\frac{5}{2}$ = −2,5
$g_3 \parallel g_1$	m_3 = −$\frac{2}{3}$	m_3 = 4	m_3 = −7	m_3 = 0,4

3 Entnimm der Zeichnung die Koordinaten des Büschelpunktes B und gib dann die Gleichung des Geradenbüschels g (m) an.

a)
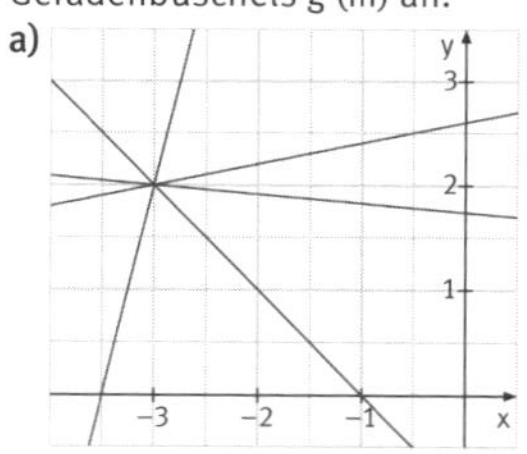
B (−3 | 2)
g (m): y = m (x + 3) + 2

b)
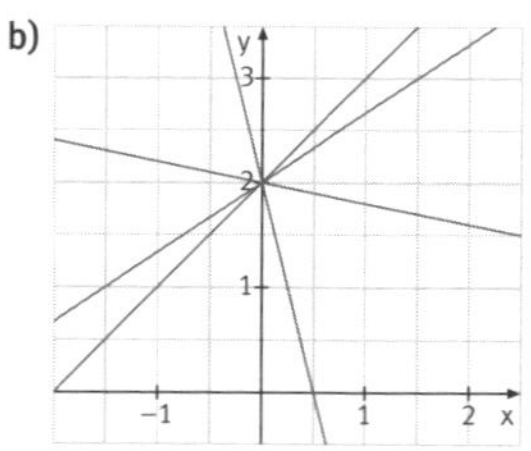
B (0 | 2)
g (m): y = m · (x + 0) + 2

c)
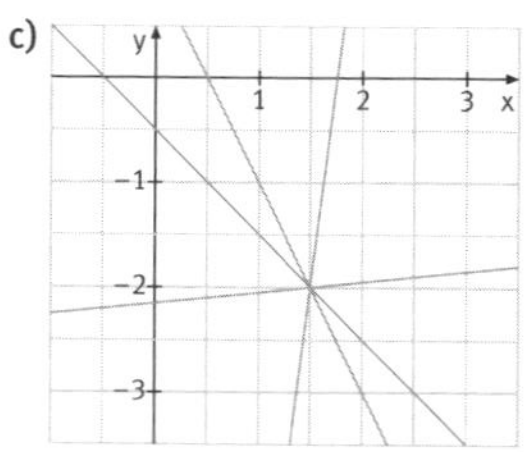
B (1,5 | −2)
g (m): y = m (x − 1,5) − 2

4 Die Gerade g (2): y = −0,5x + 2 gehört zur Parallelenschar g (t).
a) Gib die Gleichung der Parallelenschar g (t) an.

g (t): y = −0,5x + t

b) Gib die Gleichungen der Geraden g (0), g (1) und g (−1,5) an und zeichne die Geraden in das Koordinatensystem.

g (0): y = −0,5x
g (1): y = −0,5x + 1
g (−1,5): y = −0,5x − 1,5

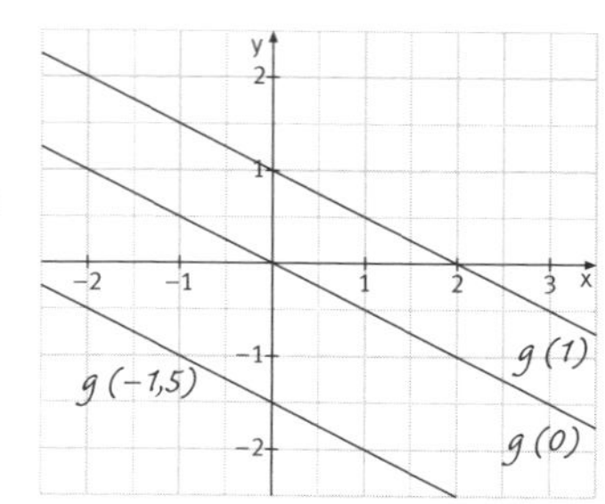

c) Für welchen Wert von t verläuft die zugehörige Schargerade durch den Punkt Q (2|−6)? t = −5

1 Entscheide zuerst für jede Funktionsgleichung, in welchen Quadranten (I und III bzw. II und IV) die zugehörigen Graphen verlaufen müssen. Ordne dann die gezeichneten Graphen den Funktionsgleichungen zu.

	I–III	II–IV	
$y = \frac{0,5}{x}$	×		f_5
$y = \frac{-3,5}{x}$		×	f_4
$y = \frac{-8}{x}$		×	f_6
$y = \frac{3}{x}$	×		f_1
$y = \frac{-1}{x}$		×	f_2
$y = \frac{7}{x}$	×		f_3

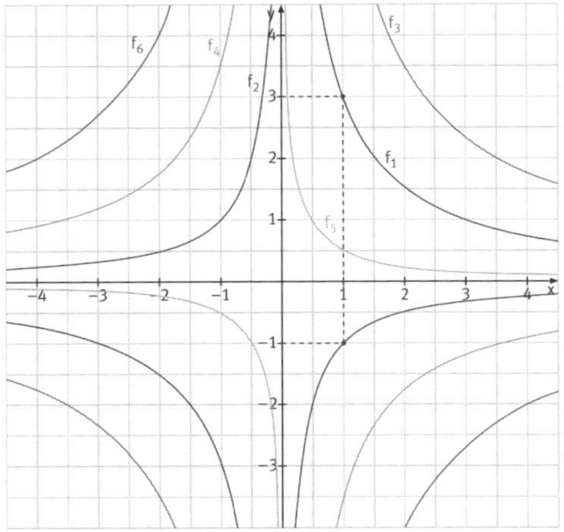

2 Alle gegebenen Punkte gehören zu einer Funktion der Form $y = \frac{k}{x}$ ($\mathbb{G} = \mathbb{Q} \times \mathbb{Q}$; $k \in \mathbb{Q} \setminus \{0\}$). Ordne jedem Punkt den passenden Wert für k zu.

A (0,5|0,4) · B (4|−1,25) · C (0,25|2) · D (−2,5|−4) · E (0,25|3) · F (0,2|4)

$k = \frac{1}{2}$ · $k = -3$ · $k = -5$ · $k = \frac{4}{5}$ · $k = 0,2$ · $k = \frac{3}{4}$ · $k = 10$

G (−0,5|10) · H (0,5|−6) · I (−0,1|−5) · J (−25|−0,4) · K (0,75|1) · A (0,02|10)

3 Auf der linken Seite eines 100 cm langen, zweiarmigen Hebels wird ein Massestück befestigt. Um den Hebel im Gleichgewicht zu halten, wird auf der rechten Seite des Hebels eine Kraft $\vec{F_R}$ ausgeübt (Maßzahl y). Diese Kraft $\vec{F_R}$ muss umso größer sein, je kleiner der Hebelarm x (Abstand vom Drehpunkt zum Angriffspunkt der Kraft) ist.

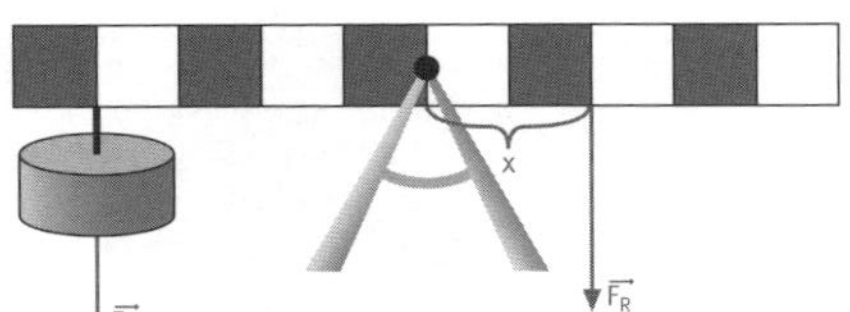

a) Bei einem Versuch wurden schon die ersten Messergebnisse in eine Tabelle eingetragen. Welche weiteren Werte sind zu erwarten?

x in cm	12	16	10	5	3	32
y in N	40	30	48	96	160	15

b) Gib den Proportionalitätsfaktor k (als Maßzahl) an. k = 480

c) Mit welcher Funktionsgleichung lässt sich der Zusammenhang zwischen der Maßzahl x des Hebelarmes und der Maßzahl y der nötigen Kraft $\vec{F_R}$ darstellen? $y = \frac{480}{x}$

d) Gib die Definitionsmenge für x an. $\mathbb{D} =]0; 50]$

1 Gib einen passenden Ergebnisraum an.

a) Ein Buchstabenwürfel mit den Buchstaben F, E, R, I, E und N wird einmal geworfen.

$\Omega = \{E; F; I; N; R\}$

b) Aus einem Topf, in dem sich ein Gewinnlos und neun Nieten befinden, wird ein Los gezogen.

Ω = {Gewinnlos; Niete}

c) Eine zufällig ausgewählte Person wird gefragt, auf welchen Wochentag der Tag ihrer Geburt fiel.

Ω = {Montag; Dienstag; Mittwoch; Donnerstag; Freitag; Samstag; Sonntag}

2 Ein Dodekaederwürfel, dessen Begrenzungsflächen mit den Zahlen 1 bis 12 beschriftet sind, wird geworfen. Betrachtet wird $\Omega = \{1; 2; 3; ...; 12\}$.

a) Notiere alle Teilmengen des Ergebnisraums, die Elementarereignisse darstellen.

{1}; {2}; {3}; ...; {12}

b) Schreibe folgende Ereignisse als Menge:

1 A: „Die gewürfelte Zahl ist ein Vielfaches von 2." A = {2; 4; 6; 8; 10; 12}

2 B: „Die gewürfelte Zahl ist durch 3 teilbar." B = {3; 6; 9; 12}

3 C: „Die gewürfelte Zahl ist keine Primzahl." C = {1; 4; 6; 8; 9; 10; 12}

3 Beschreibe ein Zufallsexperiment, bei dem sich als Ergebnisraum betrachten lässt: Ω = {Joker; kein Joker}.

Lösungsmöglichkeit: Aus einem kompletten Satz Rommékarten wird eine Karte zufällig gezogen. Betrachtet wird, ob es sich bei der gezogenen Karte um einen Joker handelt.

4 Der abgebildete Glückskreisel wird gedreht. Verbinde jeweils Ereignis und zugehöriges Gegenereignis.

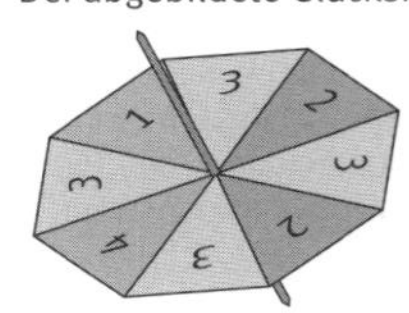

Man erhält die Farbe Rosa. · Man erhält die 1. · Man erhält Grün oder Blau · Man erhält höchstens eine 2.

Man erhält eine Zahl größer als 2. · Man erhält 1 oder 4. · Man erhält mindestens eine 2. · Man erhält nicht die Farbe Rosa.

5 Erkläre anhand des Beispiels „Werfen einer Münze", was man unter einem sicheren Ereignis versteht.

Beim Werfen einer Münze gibt es zwei mögliche Ergebnisse: Wappen und Zahl. Sicher ist, dass man entweder Wappen oder Zahl erhält. Somit ist das Ergebnis E = {Wappen; Zahl} ein sicheres Ereignis.

1 Welche Bedingungen müssen erfüllt sein, damit es sich bei einem Zufallsexperiment um ein Laplace-Experiment handelt? Erläutere.

Das Zufallsexperiment darf nur endlich viele mögliche Ergebnisse haben und alle Ergebnisse müssen gleich wahrscheinlich sein.

2 Für den 100-m-Lauf werden die acht Startbahnen verlost.

a) Ist die Annahme, dass es sich dabei um ein Laplace-Experiment handelt, gerechtfertigt, wenn der Ergebnisraum Ω = {Außenbahn; Innenbahn} betrachtet wird? Begründe.

Diese Annahme ist nicht gerechtfertigt, da es nur zwei Möglichkeiten für eine Außenbahn gibt, aber sechs Möglichkeiten für eine Innenbahn.

b) Gib einen Ergebnisraum an, bei dem die Annahme, dass es sich um ein Laplace-Experiment handelt, gerechtfertigt ist. $\Omega = \{1; 2; 3 \ldots; 8\}$

3 In einer Schublade befinden sich drei bis auf die Farbe identische Zahnpasta-Tuben: eine rote ungeöffnete, eine blaue ungeöffnete sowie eine grüne geöffnete. Eine Tube wird zufällig gezogen.

a) Welcher Ergebnisraum könnte betrachtet werden? Gib zwei verschiedene Möglichkeiten an.

(1) *Ω = {Rot; Blau; Grün}* (2) *Ω = {ungeöffnet; geöffnet}*

b) Bei welchen der von dir betrachteten Ergebnisräume ist die Annahme, dass es sich um ein Laplace-Experiment handelt, gerechtfertigt? *nur bei* (1)

4 Aus einer Schachtel, in der sich Eier mit weißer und mit brauner Schale befinden, wird ohne hinzusehen ein Ei entnommen und die Farbe seiner Schale betrachtet.

Hat Franz Recht? Begründe.

Franz hat Recht. Wenn die Gesamtzahl der Eier in der Schachtel eine ungerade Zahl ist, dann sind unterschiedlich viele Eier mit weißer und mit brauner Schale darin. Für beide Schalenfarben gibt es somit unterschiedlich viele Möglichkeiten.

1 Ein gewöhnlicher Spielwürfel wird geworfen. Schreibe folgende Ereignisse als Menge und gib die zugehörige Wahrscheinlichkeit an.

a) E_1: „Die gewürfelte Zahl ist ungerade."

$E_1 = \{1; 3; 5\}$

$P(E_1) = \frac{3}{6} = \frac{1}{2} = 0{,}5 = 50\,\%$

b) E_2: „Die gewürfelte Zahl ist größer als vier."

$E_2 = \{5; 6\}$

$P(E_2) = \frac{2}{6} = \frac{1}{3} = 0{,}\overline{3} = 33{,}\overline{3}\,\%$

2 Ganove Edi hat die Kreditkartendaten von Lord Master ausspioniert. Als er auf dessen Kosten eine Bestellung im Internet durchführen will, wird er aufgefordert, die auf der Kartenrückseite stehende 3-stellige Prüfnummer einzugeben. Diese fehlt ihm!

a) Welche kleinstmögliche (größtmögliche) Zahl könnte die Prüfnummer sein? *000 (999)*

b) Wie viele unterschiedliche Prüfnummern sind demnach möglich? *1000*

c) Ganove Edi probiert sein Glück, indem er zufällig eine 3-stellige Zahl eingibt. Wie groß ist die Wahrscheinlichkeit, dass er die korrekte Prüfnummer erwischt? $\frac{1}{1000}$

3 Wie groß schätzt du die Wahrscheinlichkeit, dass eine auf der Straße zufällig ausgewählte Person am gleichen Tag wie du selbst Geburtstag hat? Gib an, von welchen Annahmen du dabei ausgehst.

Lösungsmöglichkeit: $\frac{1}{365}$. *Ich gehe davon aus, dass alle Tage eines Jahres als Geburtstag gleich wahrscheinlich sind und vernachlässige den 29. Februar.*

4 Auf einem Tisch liegen Schokowürfel wie abgebildet. Ohne hinzusehen wird einer davon genommen.

a) Welcher Ergebnisraum könnte betrachtet werden? Gib zwei verschiedene Möglichkeiten an.

(1) *Ω = {Blau; Grün; Orange; Rot}*

(2) *Ω = {Nougat; Nuss; Karamell; Krokant}*

b) Bei welchen der von dir betrachteten Ergebnisräume ist die Annahme, dass es sich um ein Laplace-Experiment handelt, gerechtfertigt? *bei* (1) *und bei* (2)

c) Ermittle die Wahrscheinlichkeit folgender Ereignisse.

(1) E_1: „Der genommene Schokowürfel ist aus Nougat." $P(E_1) = \frac{3}{12} = \frac{1}{4}$

(2) E_2: „Der genommene Schokowürfel hat die Farbe Grün." $P(E_2) = \frac{3}{12} = \frac{1}{4}$

(3) E_3: „Der genommene Schokowürfel ist nicht aus Krokant." $P(E_3) = \frac{9}{12} = \frac{3}{4}$

d) Formuliere in Worten ein unmögliches Ereignis E_4.

Lösungsmöglichkeit: E_4*: „Der genommene Schokowürfel ist aus Marzipan."*

1 Auf 26 kleinen Zetteln, die alle identisch aussehen, steht jeweils einer der Buchstaben des Alphabets. Ein Zettel wird zufällig gezogen. Vervollständige die Tabelle. *Lösungsmöglichkeit:*

Ereignis E	zugehöriges Gegenereignis $\bar{E}$	P (E)	P ($\bar{E}$)
Auf dem gezogenen Zettel steht ein S.	*Auf dem gezogenen Zettel steht kein S.*	$\frac{1}{26}$	$\frac{25}{26}$
Auf dem gezogenen Zettel steht ein Vokal.	*Auf dem gezogenen Zettel steht ein Konsonant.*	$\frac{5}{26}$	$\frac{21}{26}$
Auf dem gezogenen Zettel steht einer der Buchstaben des Wortes „Patricia“.	*Auf dem gezogenen Zettel steht keiner der Buchstaben A, C, I, P, R oder T.*	$\frac{6}{26} = \frac{3}{13}$	$\frac{20}{26} = \frac{10}{13}$

2 An einem Glücksrad wird einmal gedreht. Das Baumdiagramm zeigt die möglichen Ausgänge dieses Zufallsexperiments.

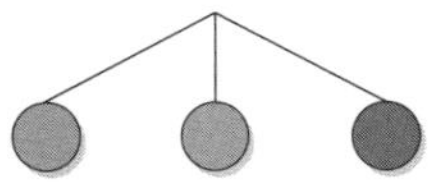

a) Kennzeichne farbig, wie das Glücksrad bemalt sein könnte, wenn …

① alle möglichen Ergebnisse gleich wahrscheinlich sind.

② eines der drei möglichen Ergebnisse doppelt so wahrscheinlich wie jedes der beiden anderen ist.

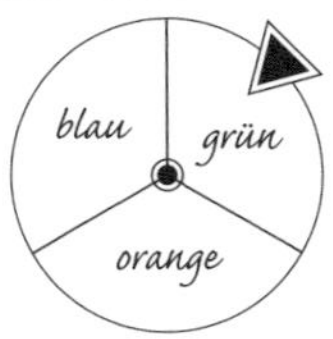

Lösungsmöglichkeit:

b) Was meinst du zu Petras Aussage? Erläutere.

Lösungsmöglichkeit: Dies lässt sich anhand des Baumdiagramms nicht sagen. Es könnte genausogut in zwei grüne, einen orangen und einen blauen Sektor unterteilt sein.

3 Ein Bierfilz wird zweimal hintereinander in die Luft geworfen. Betrachtet wird jeweils, welche Seite bei der Landung oben liegt (● oder ●). Welches der beiden Ergebnisse ist bei diesem Zufallsexperiment wahrscheinlicher? Oder sind beide gleich wahrscheinlich? Begründe deine Meinung.

① 

② 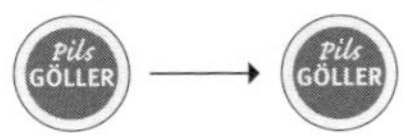

Lösungsmöglichkeit: Beide Ergebnisse sind gleich wahrscheinlich, da es bei diesem Zufallsexperiment insgesamt vier verschiedene mögliche Ergebnisse gibt (●→●; ●→●; ●→●; ●→●), die alle als gleich wahrscheinlich anzusehen sind.

1 Kreuze an, mit welchen drei gegebenen Seiten man ein Dreieck zeichnen kann.

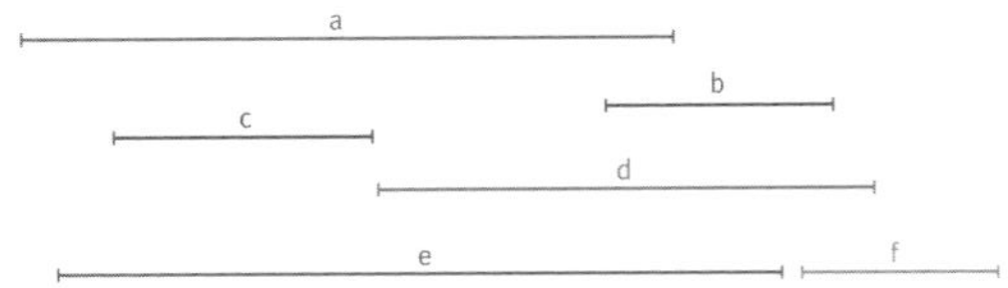

- ○ a, b und c
- ⊗ b, c und f
- ○ b, d und e
- ⊗ a, e und f
- ○ c, d und f

2 Mit den angegebenen Größen lässt sich das Dreieck ABC nicht zeichnen. Dabei wird auch jeweils ein geometrischer Zusammenhang offensichtlich nicht erfüllt, der für Dreiecke gelten muss. Kreuze diesen Zusammenhang an.

	Größen	Seite-Winkel-Beziehung	Dreiecksungleichung	Innenwinkelsumme im Dreieck
a)	a = 3,0 cm; b = 2,2 cm; c = 4,0 cm $\alpha = 47°$; $\beta = 33°$; $\gamma = 101°$	○	○	⊗
b)	a = 5,7 cm; b = 3,5 cm; c = 3,2 cm $\alpha = 33°$; $\beta = 117°$; $\gamma = 30°$	⊗	○	○
c)	a = 2,3 cm; b = 4,6 cm; c = 4,6 cm $\alpha = 25°$; $\beta = 78°$; $\gamma = 77°$	⊗	○	○
d)	a = 5,6 cm; b = 2,4 cm; c = 3,2 cm $\alpha = 95°$; $\beta = 37°$; $\gamma = 48°$	○	⊗	○
e)	a = 2,4 cm; b = 5,5 cm; c = 6,0 cm $\alpha = 24°$; $\beta = 67°$; $\gamma = 90°$	○	○	⊗

3 Bei einem Dreieck ABC sind zwei Bestimmungsstücke bereits eingezeichnet. Vervollständige das Dreieck mit dem weiteren Bestimmungsstück. Beschreibe dein Vorgehen.

a) c = 4,3 cm; $\alpha = 40°$; a = 3,8 cm

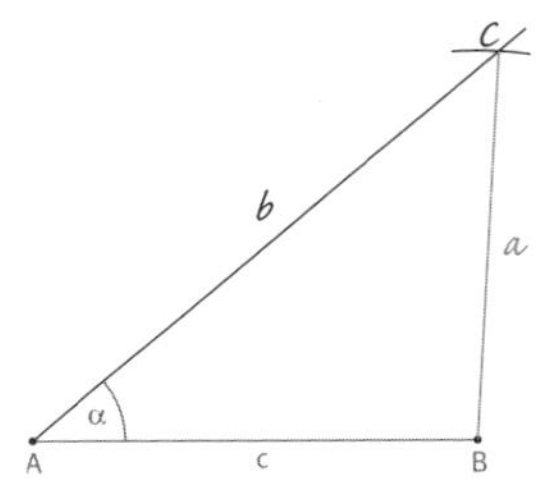

Beschreibung:
Für die Seite [BC] mit a = 3,8 cm zeichne einen Kreis k (B; r = 3,8 cm). Der Schnittpunkt von k mit dem freien Schenkel von α ergibt den Eckpunkt C.

b) c = 5,1 cm; b = 3,4 cm; a = 2,6 cm

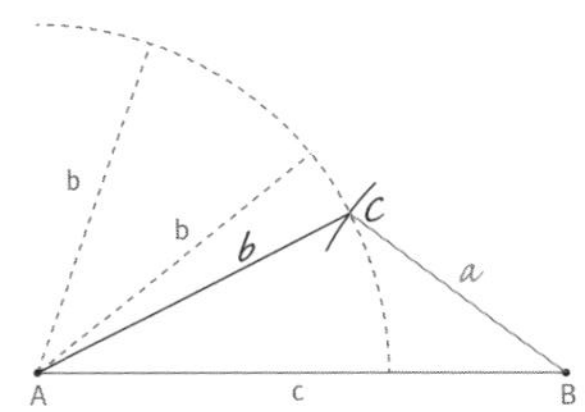

Beschreibung:
Für die Seite [BC] mit a = 2,6 cm zeichne einen Kreis k_2 (B; r = 2,6 cm). Der Schnittpunkt von k_2 mit k_1 (A; r = b) ergibt den Eckpunkt C.

1 Vervollständige die Konstruktionen.

a) a = 3 cm; b = 4 cm; c = 5 cm

Planfigur (SSS):

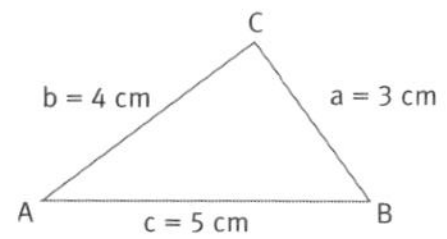

Zeichnung:

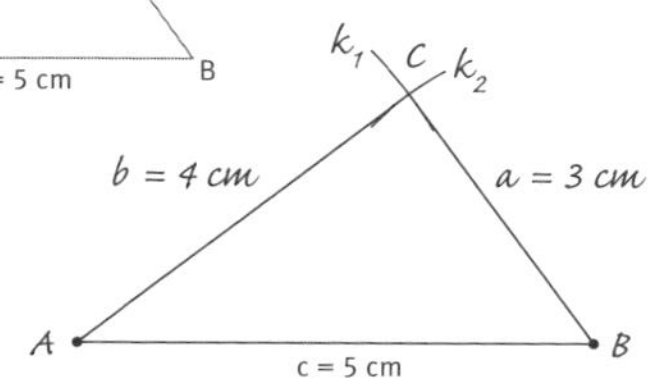

Beschreibung:
1. Festlegen der Strecke [AB] mit c = 5 cm
2. Zeichne k_1 (A; r = b = 4 cm).
3. *Zeichne k_2 (B; r = a = 3 cm).*
4. *$k_1 \cap k_2 = \{C\}$*

b) $\alpha = 90°$; $\beta = 60°$; b = 3,5 cm

Planfigur (*WSW*):

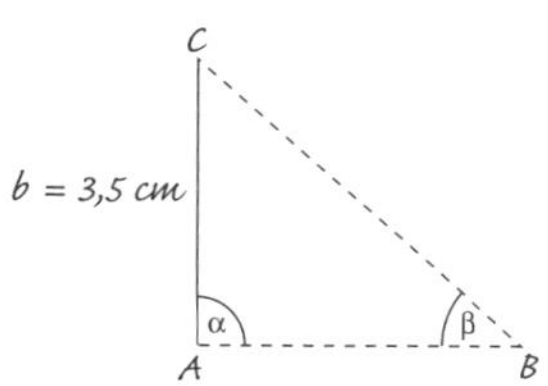

Zeichnung:

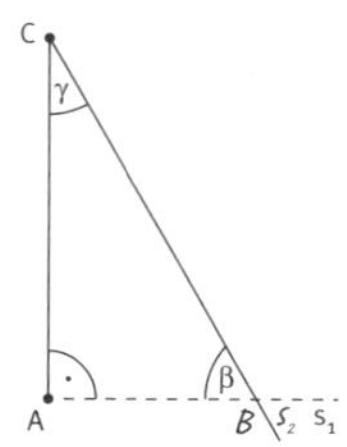

Beschreibung:
1. $\gamma = 180° - \alpha - \beta$
   $\gamma = 180° - 90° - 60° = 30°$
2. Festlegen der Strecke [AC] mit b = 3,5 cm
3. Antragen des Winkels mit $\alpha = 90°$ in A an [AC], freier Schenkel s_1
4. *Antragen des Winkels mit $\gamma = 30°$ in C an [AC], freier Schenkel s_2*
5. *$s_1 \cap s_2 = \{B\}$*

c) c = 4,5 cm; a = 6 cm; $\beta = 50°$

Planfigur (*SWS*):

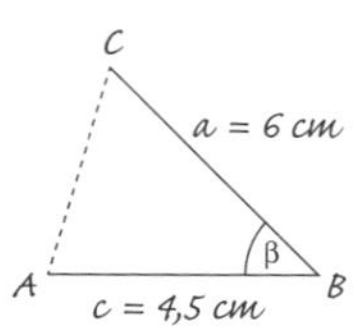

Zeichnung:

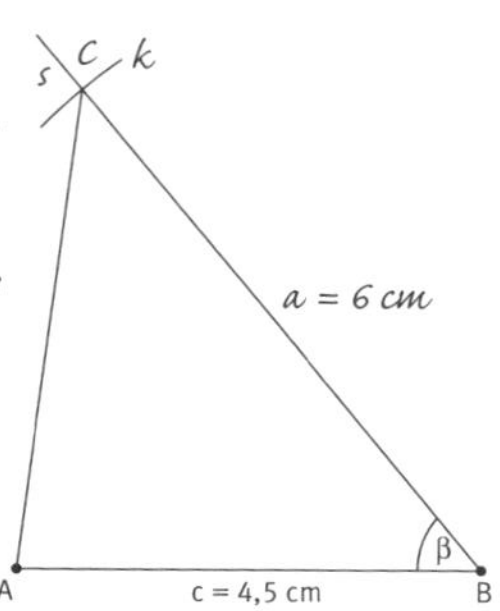

Beschreibung:
1. *Festlegen der Strecke [AB] mit c = 4,5 cm*
2. *Antragen des Winkels mit β = 40° in B an [AB], freier Schenkel s*
3. *Zeichne k (B; r = a = 6 cm).*
4. *$s \cap k = \{C\}$*

1 Konstruiere das Dreieck und benenne den verwendeten Kongruenzsatz.

a)
1. Festlegen der Strecke [AB] mit c = 4 cm
2. Antragen des Winkels mit $\beta = 40°$ in B an [AB], freier Schenkel s
3. Zeichne k (B; r = a = 4,5 cm).
4. $s \cap k = \{C\}$

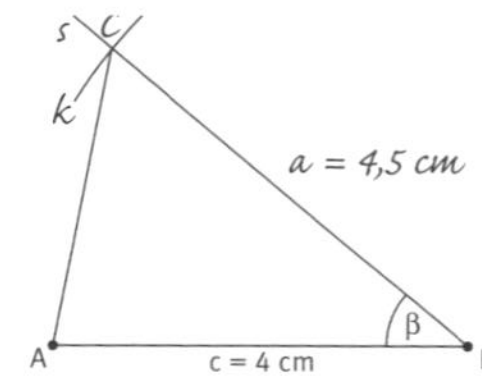

Kongruenzsatz: *SWS*

b)
1. Festlegen der kürzeren Strecke [AC] mit b = 3,5 cm
2. Antragen des Winkels mit $\gamma = 70°$ in C an [AC], freier Schenkel s
3. Zeichne k (A; r = c = 4,0 cm).
4. $s \cap k = \{B\}$

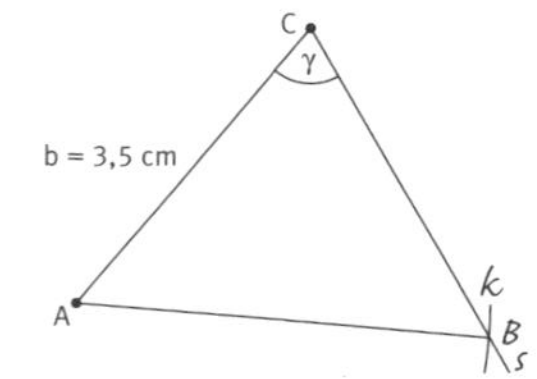

Kongruenzsatz: *SsW*

2 Welche „Dreiecke" können konstruiert werden? Erstelle eine Planfigur und benenne den Kongruenzsatz, falls möglich.

	a) a=5 cm; b=3 cm; γ=50°	**b)** α=40°; β=60°; γ=80°	**c)** b=5,1 cm; α=45°; γ=70°
Planfigur, Kongruenzsatz	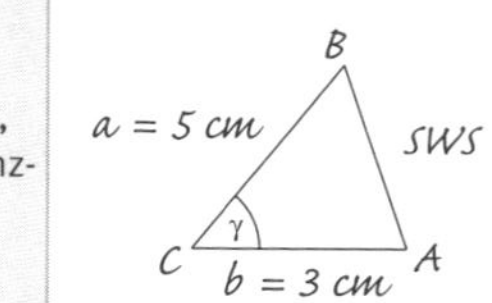 a = 5 cm; b = 3 cm; *SWS*	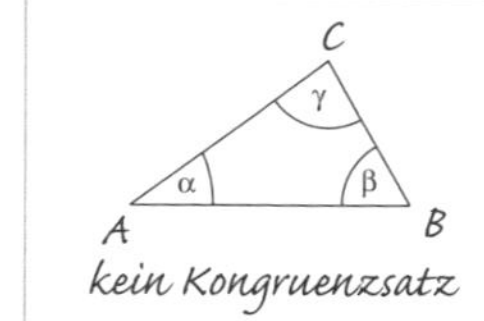 *kein Kongruenzsatz*	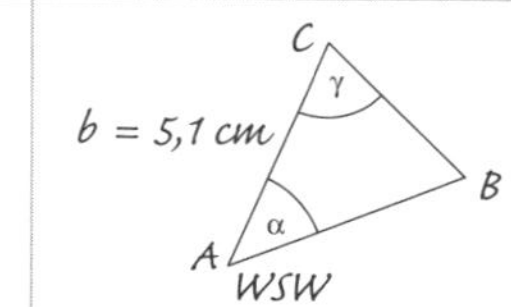 b = 5,1 cm; *WSW*
	d) c=5,1 cm; α=45°; β=65°	**e)** b=30 cm; c=66 cm; γ=98°	**f)** a=3,5 km; c=5 km; β=51°
Planfigur, Kongruenzsatz	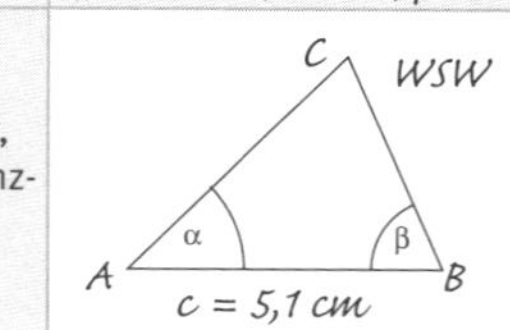 c = 5,1 cm; *WSW*	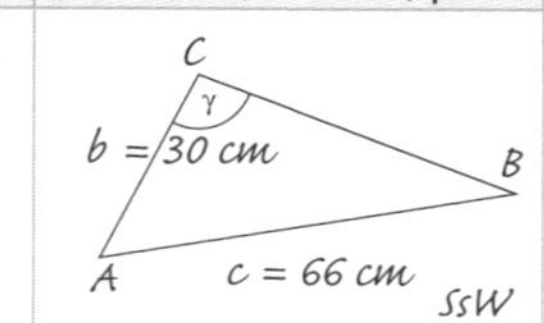 b = 30 cm; c = 66 cm; *SsW*	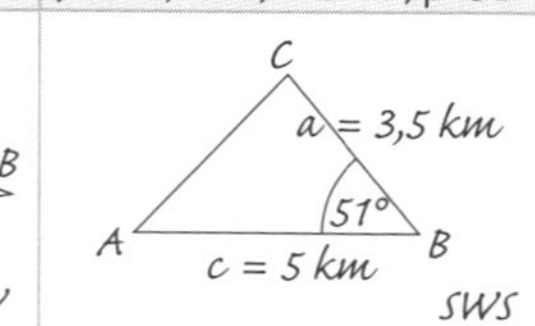 a = 3,5 km; 51°; c = 5 km; *SWS*

3 Bei der Vermessung eines Teichs haben Kathrin und Engin eine Skizze gemacht und darin die Messdaten eingetragen. Wie groß ist die Entfernung zwischen den Bäumen? Zeichne im Maßstab 1 : 1000.

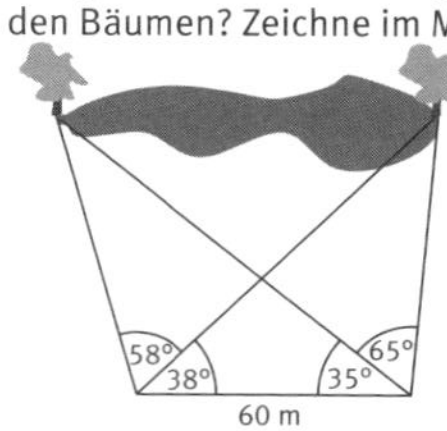

Die Bäume sind *75* m voneinander entfernt.

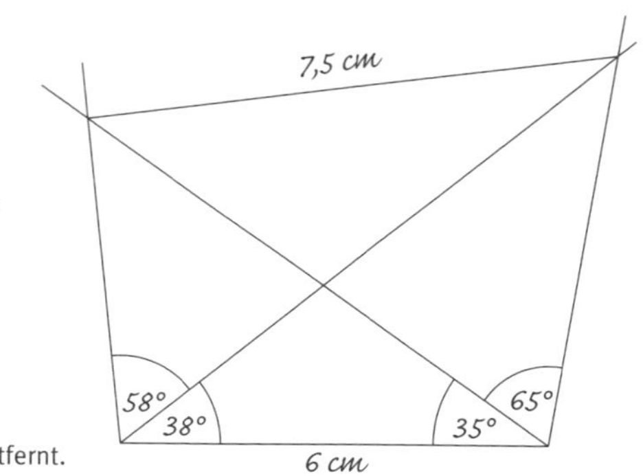

1 Kreuze an, ob das Viereck konvex oder konkav ist. Benenne das Viereck.

a) 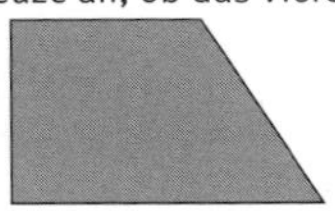

⊗ konvex
○ konkav
Trapez

b) 

○ konvex
⊗ konkav
Drachenviereck

c) 

⊗ konvex
○ konkav
Quadrat

d) 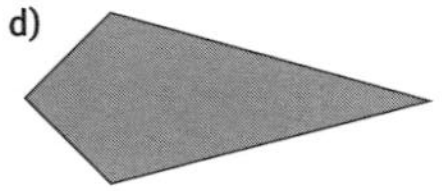

⊗ konvex
○ konkav
Drachenviereck

2 Verbinde die Punkte auf verschiedene Arten zu einem konvexen Viereck. Bestimme die Anzahl unterschiedlicher Vierecke.

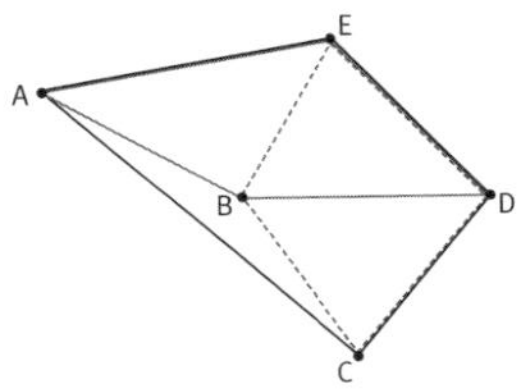

Konvexe Vierecke: *Viereck ABDE, Viereck ACDE, Viereck BCDE*

Anzahl verschiedener konvexer Vierecke: *3*

3 Vervollständige die Konstruktion des Vierecks ABCD mit $\overline{AD} = 3{,}5$ cm, $\overline{AB} = 3$ cm, $\overline{BC} = 2{,}5$ cm, $\alpha = 90°$ und $\delta = 60°$.

Planfigur:

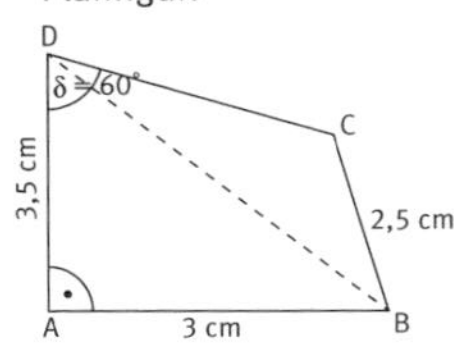

Zeichnung:

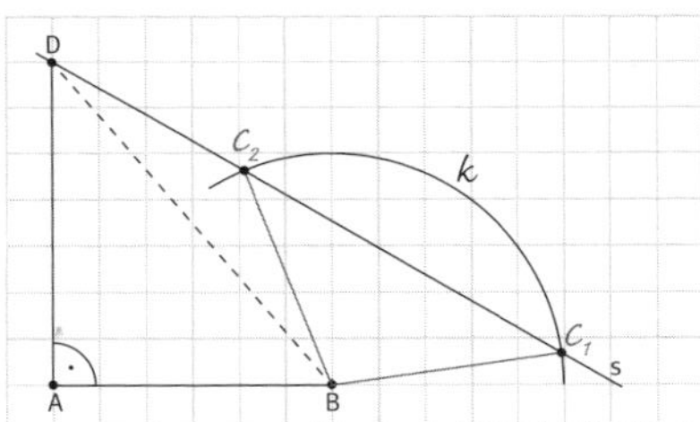

Beschreibung:

1. *Konstruiere ΔABD nach dem Kongruenzsatz SWS.*
2. *Antragen des Winkels mit δ = 60° in D an [AD], freier Schenkel s*
3. *Zeichne k (B; r = $\overline{BC}$ = 2,5 cm).*
4. *s ∩ k = {C_1; C_2}*

Es gibt bei der Konstruktion ...
○ eine Lösung.
⊗ zwei nicht kongruente Lösungen.

1 Kreuze an, welches Viereck sich hinter der Mauer verbergen kann. Es kann mehrere Lösungen geben.

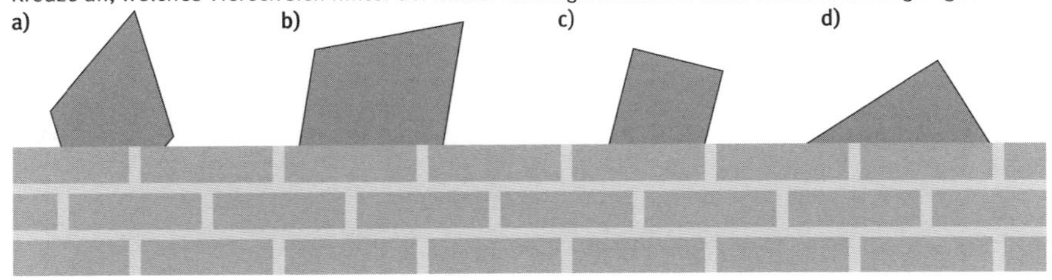

a)
⊗ Drachenviereck
⊗ Parallelogramm
⊗ Raute
○ Rechteck

b)
⊗ Trapez
⊗ Parallelogramm
○ Rechteck
○ Quadrat

c)
⊗ Trapez
○ Drachenviereck
⊗ Rechteck
○ Quadrat

d)
⊗ Drachenviereck
⊗ Parallelogramm
⊗ Raute
⊗ Quadrat

2 Benenne das gesuchte Viereck. Es kann mehrere Lösungen geben.

	Das Viereck ist ein ...	Bezeichnung
a)	Drachenviereck mit vier gleich langen Seiten.	*Raute, Quadrat*
b)	Trapez mit vier gleich großen Winkeln.	*Rechteck, Quadrat*
c)	Parallelogramm mit Diagonalen, die senkrecht aufeinander stehen.	*Raute, Quadrat*
d)	Drachenviereck, dessen Diagonalen sich jeweils halbieren.	*Raute, Quadrat*

3 Konstruiere ein Parallelogramm ABCD mit a = 5,2 cm, b = 2,9 cm und γ = 55°.

Planfigur:

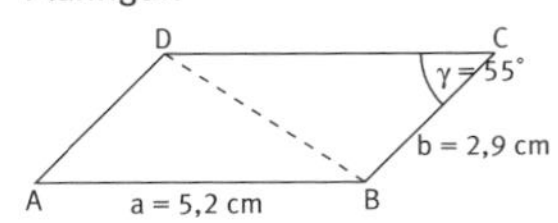

Zeichnung:

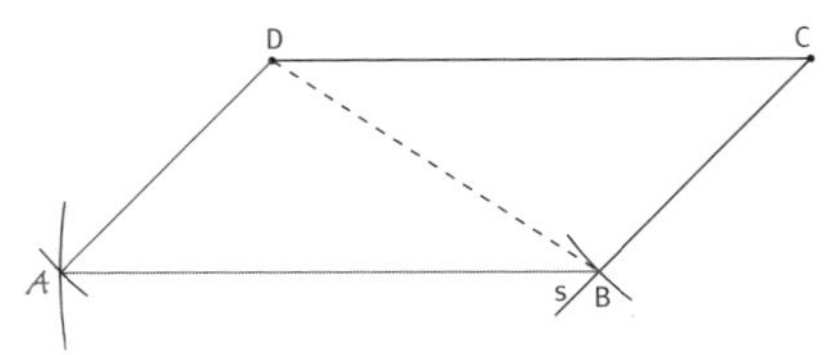

Beschreibung:

1. *Konstruktion des ΔBCD mit c = a = 5,2 cm nach SWS*
2. *Zeichne k_1 (B; r = a = 5,2 cm).*
3. *Zeichne k_2 (D; r = b = 2,9 cm).*
4. *$k_1 \cap k_2$ = {A}*

Anmerkung: Es gibt auch noch Konstruktionsmöglichkeiten über Zusammenhänge der Winkel.

1 Kreuze an, wenn das Viereck die entsprechende Eigenschaft hat.

	Eigenschaft	allgemeines Trapez	gleichschenk-liges Trapez	Drachenviereck	Parallelogramm	Rechteck	Raute	Quadrat
a)	Mindestens ein Paar gegenüberliegende Seiten sind gleich lang.	○	⊗	○	⊗	⊗	⊗	⊗
b)	Mindestens ein Paar benachbarter Seiten ist gleich lang.	○	○	⊗	○	○	⊗	⊗
c)	Mindestens ein Paar Seiten liegt parallel zueinander.	⊗	⊗	○	⊗	⊗	⊗	⊗
d)	Zwei Paar Seiten liegen parallel zueinander.	○	○	○	⊗	⊗	⊗	⊗
e)	Gegenüberliegende Winkel sind gleich groß.	○	○	○	⊗	⊗	⊗	⊗
f)	Mindestens ein Paar benachbarter Winkel sind gleich groß.	○	⊗	○	○	⊗	○	⊗

2 In einem Ordnungsdiagramm zeigen die Pfeile von einem Viereck auf ein anderes Viereck der nächsthöheren Ebene, wie es sich im „Haus der Vierecke" anordnen lässt. Dabei hat ein weiter oben stehendes Viereck jeweils eine Eigenschaft mehr als ein Viereck darunter. Vervollständige die fehlenden Vierecke.

a)
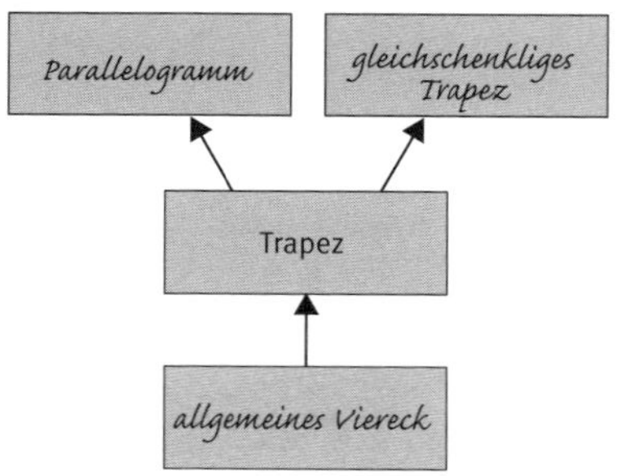

b)
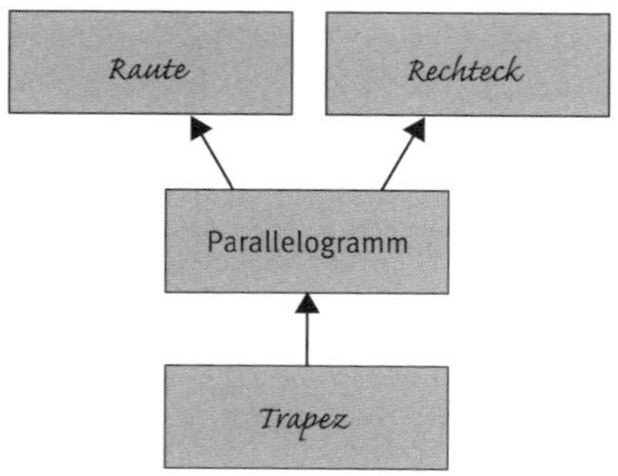

c)
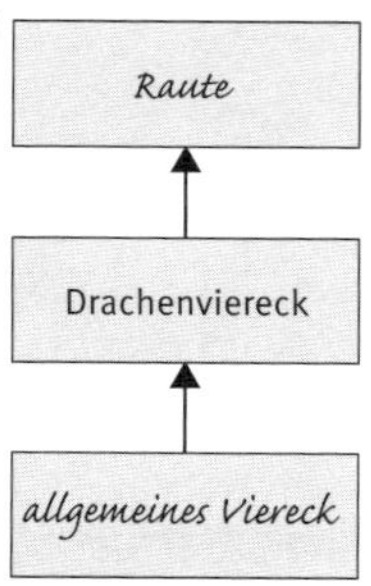

d)
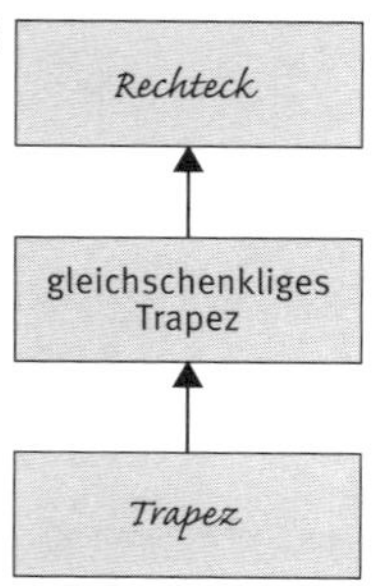

1 Der folgende Beweis zeigt, dass in einem Parallelogramm ABCD der Diagonalenschnittpunkt M die Diagonale [AC] halbiert.

Planfigur:

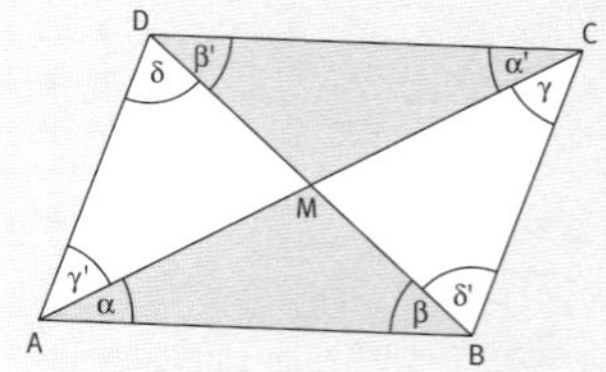

Voraussetzung:
ABCD ist ein Parallelogramm, d. h.
1. AB||CD; BC||AD
2. $\overline{AB} = \overline{CD}$; $\overline{BC} = \overline{AD}$

Behauptung: $\overline{AM} = \overline{MC}$
Beweis: Betrachte ΔABM und ΔCDM:
$\alpha = \alpha'$ nach Wechselwinkelsatz (Vor. 1)
$\overline{AB} = \overline{CD}$ nach Vor. 2
$\beta = \beta'$ nach Wechselwinkelsatz (Vor. 1)
$\Rightarrow \Delta ABM \cong \Delta CDM$ (Kongruenzsatz WSW)
Kongruente Dreiecke stimmen in allen entsprechenden Stücken überein. $\Rightarrow \overline{AM} = \overline{MC}$

Zeige bei gleichen Voraussetzungen, dass M auch die Diagonale [BD] halbiert. Betrachte dabei ΔBCM und ΔDAM. Nutze die obige Planfigur für notwendige Bezeichnungen.

Behauptung: $\overline{BM} = \overline{MD}$
Beweis: Betrachte ΔBCM und ΔDAM:

$\gamma = \gamma'$ *nach Wechselwinkelsatz (Vor. 1)*

$\overline{BC} = \overline{AD}$ *nach Vor. 2*

$\delta = \delta'$ *nach Wechselwinkelsatz (Vor. 1)*

$\Rightarrow \Delta BCM \cong \Delta DAM$

Kongruente Dreiecke stimmen in allen entsprechenden Stücken überein. $\Rightarrow \overline{BM} = \overline{MD}$

2 Zeige, dass das Dreieck ABC mit A (1|0), B(4|2) und C (2|5) rechtwinklig ist. Zeichne es.

Planfigur:

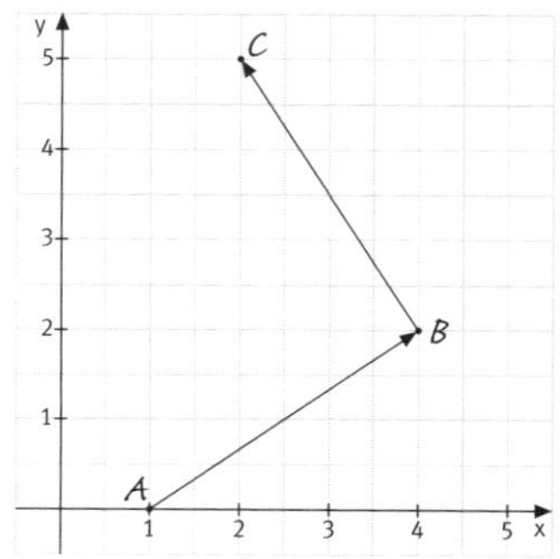

Voraussetzung: Koordinaten der Punkte A, B und C

Behauptung: [AB] ⊥ *[BC]*

Beweis:

$\overrightarrow{AB} = \begin{pmatrix} 4-1 \\ 2-0 \end{pmatrix} \begin{pmatrix} 3 \\ 2 \end{pmatrix}$

$\overrightarrow{BC} = \begin{pmatrix} 2-4 \\ 5-2 \end{pmatrix} \begin{pmatrix} -2 \\ 3 \end{pmatrix}$

Die Vektoren $\overrightarrow{AB}$ und $\overrightarrow{BC}$ sind gleich lang und stehen senkrecht aufeinander, also gilt dies auch für die entsprechenden Strecken.

1 Kreuze alle Bruchterme an. Ordne dann die Bruchterme den Definitionsmengen zu ($\mathbb{G} = \mathbb{Q}$).

⊗ $\frac{3}{2x-1}$ ○ $\frac{2x-1}{3}$ ○ $-\frac{3}{2}x$ ⊗ $\frac{2x}{3-x}$ ○ $\frac{1+3x}{2-3}$

$\mathbb{D} = \mathbb{Q} \setminus \{1{,}5\}$ | $\mathbb{D} = \mathbb{Q} \setminus \{-1\}$ | $\mathbb{D} = \mathbb{Q} \setminus \{0{,}5\}$ | $\mathbb{D} = \mathbb{Q} \setminus \{0\}$ | $\mathbb{D} = \mathbb{Q} \setminus \{3\}$ | $\mathbb{D} = \mathbb{Q} \setminus \{-1; 1\}$

⊗ $\frac{3-2x}{2x-3}$ ○ $\frac{x(3-2)}{3}$ ⊗ $\frac{3}{2x^2-2}$ ⊗ $-\frac{3}{-1-x}$ ○ $\frac{x^2-3}{2(-1+3)}$

2 Bestimme die jeweiligen Definitionsmengen über den angegebenen Grundmengen.

	$\mathbb{G} = \mathbb{Q}$	$\mathbb{G} = \mathbb{Q}^+$	$\mathbb{G} = \mathbb{N}$	$\mathbb{G} = \mathbb{Z}$
$\frac{3-y}{y+3}$	$\mathbb{D} = \mathbb{Q} \setminus \{-3\}$	$\mathbb{D} = \mathbb{Q}^+$	$\mathbb{D} = \mathbb{N}$	$\mathbb{D} = \mathbb{Z} \setminus \{-3\}$
$\frac{7a}{5-2a}$	$\mathbb{D} = \mathbb{Q} \setminus \{2{,}5\}$	$\mathbb{D} = \mathbb{Q}^+ \setminus \{2{,}5\}$	$\mathbb{D} = \mathbb{N}$	$\mathbb{D} = \mathbb{Z}$
$\frac{3+7p}{p^2-16}$	$\mathbb{D} = \mathbb{Q} \setminus \{-4; 4\}$	$\mathbb{D} = \mathbb{Q}^+ \setminus \{4\}$	$\mathbb{D} = \mathbb{N} \setminus \{4\}$	$\mathbb{D} = \mathbb{Z} \setminus \{-4; 4\}$

3 Vereinfache die Terme so weit wie möglich. Bestimme die Definitionsmenge vor dem Kürzen ($\mathbb{G} = \mathbb{Q}$).

a) $\frac{18x^2}{-27x^3} = \frac{9x^2 \cdot 2}{9x^2 \cdot (-3x)} = \frac{2}{-3x} = -\frac{2}{3x}$ $\mathbb{D} = \mathbb{Q} \setminus \{0\}$

b) $\frac{2b-9}{-6b+27} = \frac{2b-9}{-3(2b-9)} = \frac{1}{-3} = -\frac{1}{3}$ $\mathbb{D} = \mathbb{Q} \setminus \{4{,}5\}$

c) $\frac{12x^3-9x^2}{15x^2+12x} = \frac{3x^2(4x-3)}{3x(5x+4)} = \frac{x(4x-3)}{5x+4}$ $\mathbb{D} = \mathbb{Q} \setminus \{-0{,}8; 0\}$

d) $\frac{y^2-6y+9}{y^2-9} = \frac{(y-3)^2}{(y-3)(y+3)} = \frac{y-3}{y+3}$ $\mathbb{D} = \mathbb{Q} \setminus \{-3; 3\}$

4 $T_1 = 4 - x$ $T_2 = 5x$ $T_3 = 2x + 7$

Aus je zwei der gegebenen Terme soll ein Bruchterm (z. B. $\frac{T_1}{T_2}$, $\frac{T_2}{T_3}$ usw.) gebildet werden ($\mathbb{G} = \mathbb{Q}$).

Bilde nun die unten vorgegebenen Bruchterme, erweitere sie mit dem jeweils dritten Term und bestimme die Definitionsmenge nach dem Erweitern.

a) $\frac{T_1}{T_2} = \frac{4-x}{5x} = \frac{(4-x)}{5x} \cdot \frac{(2x+7)}{(2x+7)} = \frac{8x+28-2x^2-7x}{10x^2+35x} = \frac{-2x^2+x+28}{10x^2+35x}$ $\mathbb{D} = \mathbb{Q} \setminus \{-3{,}5; 0\}$

= *Hinweis: Die Klammern können auch entfallen.*

b) $\frac{T_2}{T_3} = \frac{5x}{2x+7} = \frac{5x}{(2x+7)} \cdot \frac{(4-x)}{(4-x)} = \frac{20x-5x^2}{8x-2x^2+28-7x} = \frac{20x-5x^2}{-2x^2+x+28}$ $\mathbb{D} = \mathbb{Q} \setminus \{-3{,}5; 4\}$

= *Hinweis: Die Klammern können auch entfallen.*

1 Finde den Hauptnenner der Bruchterme ($\mathbb{G} = \mathbb{Q}$).

a) $\frac{3}{2b}; \frac{2}{5b^2}$ HN: $2 \cdot 5 \cdot b^2 = 10b^2$

b) $\frac{2-x}{12x^3}; \frac{5}{3x^5}$ HN: $12x^5$

c) $\frac{2}{z^2-9} = \frac{2}{(z-3)\cdot(z+3)}$; $\frac{5}{6z-18} = \frac{5}{6\cdot(z-3)}$ HN: $6 \cdot (z-3) \cdot (z+3)$

d) $\frac{2p}{p^2+8p+16} = \frac{2p}{(p+4)^2}$; $\frac{p-7}{5p^2+20p} = \frac{p-7}{5p \cdot (p+4)}$ HN: $5p \cdot (p+4)^2$

e) $\frac{4-x}{0{,}5x-2{,}5} = \frac{4-x}{0{,}5\cdot(x-5)}$; $\frac{x^2}{x^2-10x+25} = \frac{x^2}{(x-5)^2}$ HN: $0{,}5 \cdot (x-5)^2$

2 Faktorisiere zuerst die Nenner der Bruchterme T_1 und T_2. Finde dann den Hauptnenner von T_1 und T_2 und ihre Erweiterungsterme. Gib dann die erweiterten Bruchterme an.

	Bruchterme	Bruchterme mit faktorisiertem Nenner	Hauptnenner	Erweiterungsterm	erweiterter Bruchterm
a)	$T_1 = \frac{3}{16y^2}$	$T_1 = \frac{3}{2 \cdot 8 \cdot y^2}$	$2 \cdot 8 \cdot y^2 \cdot y$	y	$T_1 = \frac{3 \cdot y}{16y^2 \cdot y} = \frac{3y}{16y^3}$
	$T_2 = \frac{5-y}{8y^3}$	$T_2 = \frac{5-y}{8 \cdot y^2 \cdot y}$		2	$T_2 = \frac{(5-y)\cdot 2}{8y^3 \cdot 2} = \frac{10-2y}{16y^3}$
b)	$T_1 = \frac{1}{5x^3}$	$T_1 = \frac{1}{5 \cdot x \cdot x^2}$	$5 \cdot x \cdot x^2 \cdot (x-3)$	$(x-3)$	$T_1 = \frac{1(x-3)}{5x^3(x-3)} = \frac{x-3}{5x^4-15x^3}$
	$T_2 = \frac{8}{x^2-3x}$	$T_2 = \frac{8}{x \cdot (x-3)}$		$5x^2$	$T_2 = \frac{8 \cdot 5x^2}{(x^2-3x)\cdot 5x^2} = \frac{40x^2}{5x^4-15x^3}$

3 Bestimme die Definitionsmenge ($\mathbb{G} = \mathbb{Q}$) und fasse so weit wie möglich zusammen.

a) $\frac{3}{2x} - \frac{6}{2x} = -\frac{3}{2x}$ $\mathbb{D} = \mathbb{Q} \setminus \{0\}$

b) $\frac{7}{5x} + \frac{8}{5x} = \frac{15}{5x} = \frac{3}{x}$ $\mathbb{D} = \mathbb{Q} \setminus \{0\}$

c) $\frac{5+2a}{a-3} - \frac{7a-8}{a-3} = \frac{5+2a-(7a-8)}{a-3} = \frac{5+2a-7a+8}{a-3} = \frac{13-5a}{a-3}$ $\mathbb{D} = \mathbb{Q} \setminus \{3\}$

d) $\frac{7y-9}{2y-5} + \frac{19-11y}{-5+2y} = \frac{7y-9+19-11y}{2y-5} = \frac{-4y+10}{2y-5} = \frac{-2(2y-5)}{2y-5} = -2$ $\mathbb{D} = \mathbb{Q} \setminus \{2{,}5\}$

4 Ordne äquivalente Terme einander zu. Vernachlässige die Definitionsmenge.

$\frac{5}{x-5} \cdot \frac{0{,}2x-1}{x+5}$ | $\frac{5}{x+5} - \frac{x-5}{x^2-25}$ | $\frac{(x+5)^2}{x^2-25}$ | $\frac{x^2+10x+25}{x-5} : \frac{x+5}{x^2-10x+25}$

$\frac{x+5}{x-5}$ | $\frac{1}{x+5}$ | $\frac{4}{x+5}$ | $x^2 - 25$

1 Mache die Bruchterme gleichnamig und berechne ($\mathbb{G} = \mathbb{Q}$).

a) $\frac{3}{5y} - \frac{7}{2y^2} = \frac{3 \cdot 2y}{5y \cdot 2y} - \frac{7 \cdot 5}{2y^2 \cdot 5} = \frac{6y - 35}{10y^2}$

b) $\frac{a}{2a-9} - \frac{4}{3a} = \frac{a \cdot 3a}{(2a-9) \cdot 3a} - \frac{4 \cdot (2a-9)}{3a \cdot (2a-9)} = \frac{3a^2 - 8a + 36}{6a^2 - 27a}$

c) $\frac{4-x}{3x^2-5x} + \frac{11}{6x-10} = \frac{(4-x) \cdot 2}{x \cdot (3x-5) \cdot 2} + \frac{11 \cdot x}{2 \cdot (3x-5) \cdot x} = \frac{8 - 2x + 11x}{6x^2 - 10x} = \frac{8 + 9x}{6x^2 - 10x}$

2 Bestimme jeweils die Definitionsmenge ($\mathbb{G} = \mathbb{Q}$) und vereinfache so weit wie möglich.

a) $\frac{2}{z} \cdot \frac{5}{z^2} = \frac{10}{z^3}$ $\mathbb{D} = \mathbb{Q} \setminus \{0\}$

b) $\frac{-3}{x-2} \cdot \frac{5x}{4} = \frac{-3 \cdot 5x}{(x-2) \cdot 4} = \frac{-15x}{4x-8}$ $\mathbb{D} = \mathbb{Q} \setminus \{2\}$

c) $\frac{2a+1}{a-3} \cdot \frac{5}{4a} = \frac{10a+5}{4a^2-12a}$ $\mathbb{D} = \mathbb{Q} \setminus \{0; 3\}$

d) $\frac{3}{x^2+4x+4} \cdot \frac{5x+10}{6x}$ Ausklammern = bin. Formel $\frac{3}{(x+2)^2} \cdot \frac{5 \cdot (x+2)}{6x}$ kürzen = $\frac{1 \cdot 5}{(x+2)\,2x} = \frac{5}{2x^2+4x}$

$\mathbb{D} = \mathbb{Q} \setminus \{-2; 0\}$

e) $\frac{12-2b}{2b} \cdot \frac{18}{36-b^2} = \frac{2(6-b)}{2b} \cdot \frac{18}{(6-b)(6+b)} = \frac{18}{b(6+b)} = \frac{18}{6b+b^2}$ $\mathbb{D} = \mathbb{Q} \setminus \{-6; 0; 6\}$

3 Gib jeweils die zugehörige Definitionsmenge an ($\mathbb{G} = \mathbb{Q}$).

a)	b)	c)	d)	e)
$\frac{3y}{5-y} : \frac{y+2}{y^2}$	$\frac{3+a}{2a+5} : \frac{a}{a-3}$	$\frac{0{,}5+x}{2x \cdot (x-2)} : \frac{x^2}{5}$	$\frac{p^3}{(4+p)^2} : \frac{7}{3p+2}$	$\frac{-19t}{t^2-4} : t^2$
$\mathbb{D} = \mathbb{Q} \setminus \{-2; 0; 5\}$	$\mathbb{D} = \mathbb{Q} \setminus \{-2{,}5; 0; 3\}$	$\mathbb{D} = \mathbb{Q} \setminus \{0; 2\}$	$\mathbb{D} = \mathbb{Q} \setminus \{-4; -\frac{2}{3}\}$	$\mathbb{D} = \mathbb{Q} \setminus \{-2; 0; 2\}$

4 Gib die Definitionsmenge ($\mathbb{G} = \mathbb{Q}$) an und berechne.

a) $\frac{x-3}{5x} : \frac{2x+7}{30x^2}$ Kehrwert = $\frac{x-3}{5x} \cdot \frac{30x^2}{2x+7}$ kürzen = $\frac{(x-3) \cdot 6x}{2x+7} = \frac{6x^2 - 18x}{2x+7}$ $\mathbb{D} = \mathbb{Q} \setminus \{-3{,}5; 0\}$

b) $(t-3)^2 : \frac{7t-21}{28t} = \frac{(t-3)^2}{1} \cdot \frac{28t}{7t-21} = \frac{(t-3)^2 \cdot 28t}{7(t-3)} = \frac{(t-3) \cdot 4t}{1 \cdot 1} = 4t^2 - 12t$ $\mathbb{D} = \mathbb{Q} \setminus \{0; 3\}$

=

5 Kreuze die richtigen Aussagen an. Der Hauptnenner zweier Bruchterme …

○ ist immer das Produkt der beiden Nenner.

⊗ kann manchmal auch identisch sein mit dem Nenner einer der beiden Terme.

○ $\frac{5}{x^2}$ und $\frac{2}{x}$ ist x^3.

⊗ ist das kleinste gemeinsame Vielfache beider Nenner.

1 Welche rationalen Zahlen dürfen eingesetzt werden? Bestimme die Definitionsmenge $\mathbb{D}$ in $\mathbb{G} = \mathbb{Q}$.

a) $\frac{3x+2}{x} = 12$ $\mathbb{D} = \mathbb{Q} \setminus \{0\}$

b) $\frac{8}{x-3} = \frac{2x+8}{x+3}$ $\mathbb{D} = \mathbb{Q} \setminus \{-3; 3\}$

c) $\frac{1+x}{1-x} = \frac{1-x}{1+x}$ $\mathbb{D} = \mathbb{Q} \setminus \{-1; 1\}$

d) $\frac{3x+2}{x^2+1} = 5$ $\mathbb{D} = \mathbb{Q}$

e) $\frac{x+5}{x^2-4} = 5$ $\mathbb{D} = \mathbb{Q} \setminus \{-2; 2\}$

f) $\frac{5x+2}{10} = 3x$ $\mathbb{D} = \mathbb{Q}$

2 Bestimme zunächst die Definitionsmenge in $\mathbb{Q}$. Welches x löst die Gleichung? Kreuze an.

a) $\frac{4x+9}{x} = -5$ $\mathbb{D} = \mathbb{Q} \setminus \{0\}$

○ −2 ⊗ −1 ○ 1 ○ 2 ○ 3

b) $\frac{-4x+3}{2} = \frac{x}{3}$ $\mathbb{D} = \mathbb{Q}$

⊗ $\frac{9}{14}$ ○ $\frac{10}{14}$ ○ $\frac{10}{15}$ ○ $\frac{11}{15}$ ○ $\frac{1}{3}$

c) $\frac{64}{x} = x$ $\mathbb{D} = \mathbb{Q} \setminus \{0\}$

⊗ −8 ○ −5 ○ 1 ○ 2 ⊗ 8

d) $\frac{-1}{x-1} = x + 1$ $\mathbb{D} = \mathbb{Q} \setminus \{1\}$

○ −2 ○ −1,5 ○ −1 ⊗ 0 ○ 1,5

3 Bestimme $\mathbb{D}$ im Bereich der rationalen Zahlen. Gib die Lösungsmenge an.

a) $\frac{4}{x} = \frac{3}{x-2}$ $\mathbb{D} = \mathbb{Q} \setminus \{0; 2\}$

$4 \cdot (x-2) = 3 \cdot x$

$\Leftrightarrow 4x - 8 = 3x \quad | -4x$

$\Leftrightarrow -8 = -x \quad | :(-1)$

$\Leftrightarrow x = 8$

$\mathbb{L} = \{8\}$

b) $\frac{8}{6-x} = \frac{1}{x+1}$ $\mathbb{D} = \mathbb{Q} \setminus \{-1; 6\}$

$\Leftrightarrow 8(x+1) = 1 \cdot (6-x)$

$\Leftrightarrow 8x + 8 = 6 - x \quad | +x$

$\Leftrightarrow 9x + 8 = 6 \quad | -8$

$\Leftrightarrow 9x = -2 \quad | :9$

$\Leftrightarrow x = -\frac{2}{9}$

$\mathbb{L} = \{-\frac{2}{9}\}$

c) $\frac{x-1}{8x+2} = \frac{0{,}5x}{4x+9}$ $\mathbb{D} = \mathbb{Q} \setminus \{-2{,}25; -\frac{1}{4}\}$

$\Leftrightarrow (x-1) \cdot (4x+9) = 0{,}5x\,(8x+2)$

$\Leftrightarrow 4x^2 + 9x - 4x - 9 = 4x^2 + x \quad | -4x^2$

$\Leftrightarrow 5x - 9 = x \quad | -5x$

$\Leftrightarrow -9 = -4x \quad | :(-4)$

$\Leftrightarrow 2{,}25 = x$

$\mathbb{L} = \{2{,}25\}$

d) $\frac{2x+9}{5x^2} = -\frac{4}{8-10x}$ $\mathbb{D} = \mathbb{Q} \setminus \{0; 0{,}8\}$

$\Leftrightarrow (2x+9) \cdot (8-10x) = -4 \cdot 5x^2$

$\Leftrightarrow 16x - 20x^2 + 72 - 90x = -20x^2 \quad | +20x^2$

$\Leftrightarrow -74x + 72 = 0 \quad | -72$

$\Leftrightarrow -74x = -72 \quad | :(-74)$

$\Leftrightarrow x = \frac{36}{37}$

$\mathbb{L} = \{\frac{36}{37}\}$

1 Gib die Definitionsmenge in der angegebenen Grundmenge an und löse dann die Bruchgleichungen.
Bringe die Gleichungen zuerst auf die Form $\frac{T_1}{T_2} = \frac{T_3}{T_4}$.

a) $\frac{9}{5z} - \frac{3}{5z} = \frac{2}{z+4}$ **G** = $\mathbb{Z}^-$

$\Leftrightarrow \frac{9-3}{5z} = \frac{2}{z+4}$ **D** = $\mathbb{Z}^- \setminus \{-4\}$

$\Leftrightarrow 6 \cdot (z+4) = 10z$

$\Leftrightarrow 6z + 24 = 10z \quad | -6z$

$\Leftrightarrow 24 = 4z \quad | :4$

$\Leftrightarrow z = 6 \quad$ **L** = $\emptyset$

b) $\frac{3+4x}{3x} + \frac{2}{x} = \frac{1}{2}$ **G** = $\mathbb{Q}_0^-$

$\Leftrightarrow \frac{3+4x}{3x} + \frac{2 \cdot 3}{x \cdot 3} = \frac{1}{2}$ **D** = $\mathbb{Q}^-$

$\Leftrightarrow \frac{9+4x}{3x} = \frac{1}{2}$

$\Leftrightarrow (9+4x) \cdot 2 = 1 \cdot 3x$

$\Leftrightarrow 18 + 8x = 3x \quad | -8x$

$\Leftrightarrow 18 = -5x \quad | :(-5)$

$\Leftrightarrow x = -3{,}6 \quad$ **L** = $\{-3{,}6\}$

c) $\frac{11}{2x+3} + \frac{7}{x} = \frac{4}{2x+3} \quad | -\frac{7}{x}$ **G** = $\mathbb{Z}$

$\Leftrightarrow \frac{11}{2x+3} = \frac{4}{2x+3} - \frac{7}{x} \quad | -\frac{4}{2x-3}$

$\Leftrightarrow \frac{11}{2x+3} - \frac{4}{2x+3} = -\frac{7}{x}$ **D** = $\mathbb{Z} \setminus \{0\}$

$\Leftrightarrow \frac{7}{2x+3} = -\frac{7}{x}$

$\Leftrightarrow 7 \cdot x = -7(2x+3)$

$\Leftrightarrow 7x = -14x - 21 \quad | +14x$

$\Leftrightarrow 21x = -21 \quad | :21$

$\Leftrightarrow x = -1 \quad$ **L** = $\{-1\}$

d) $\frac{3}{5x} - 7 = -\frac{7x}{x-3}$ **G** = $\mathbb{Q}$

$\Leftrightarrow \frac{3}{5x} - \frac{7 \cdot 5x}{5x} = -\frac{7x}{x-3}$ **D** = $\mathbb{Q} \setminus \{0; 3\}$

$\Leftrightarrow \frac{3-35x}{5x} = -\frac{7x}{x-3}$

$\Leftrightarrow (3-35x) \cdot (x-3) = -7x \cdot 5x$

$\Leftrightarrow 3x - 9 - 35x^2 + 105x = -35x^2 \quad | +35x^2$

$\Leftrightarrow 108x - 9 = 0 \quad | +9$

$\Leftrightarrow 108x = 9 \quad | :108$

$\Leftrightarrow x = \frac{1}{12} \quad$ **L** = $\{\frac{1}{12}\}$

2 Welche Bruchgleichung gibt den beschriebenen Sachverhalt an? Bestimme die Definitions- und Lösungsmenge der passenden Gleichung.
Dividiert man die Differenz aus 2 und einer natürlichen Zahl durch die Summe aus dem Dreifachen der Zahl und 9, so erhält man $-\frac{1}{8}$.

○ $\frac{2x-9}{3+x} = -\frac{1}{8}$ ○ $\frac{2}{x} - (3x+9) = -\frac{1}{8}$

⊗ $\frac{2-x}{3x+9} = -\frac{1}{8}$ ○ $\frac{x-2}{3(x+2)} = -\frac{1}{8}$

$\frac{2-x}{3x+9} = -\frac{1}{8}$ **D** = $\mathbb{N}$

$\Leftrightarrow (2-x) \cdot 8 = -1(3x+9)$

$\Leftrightarrow 16 - 8x = -3x - 9 \quad | +3x$

$\Leftrightarrow 16 - 5x = -9 \quad | -16$

$\Leftrightarrow -5x = -25 \quad | :(-5)$

$\Leftrightarrow x = 5$

L = $\{5\}$

1 Gegeben ist ein Quader ABCDEFGH.

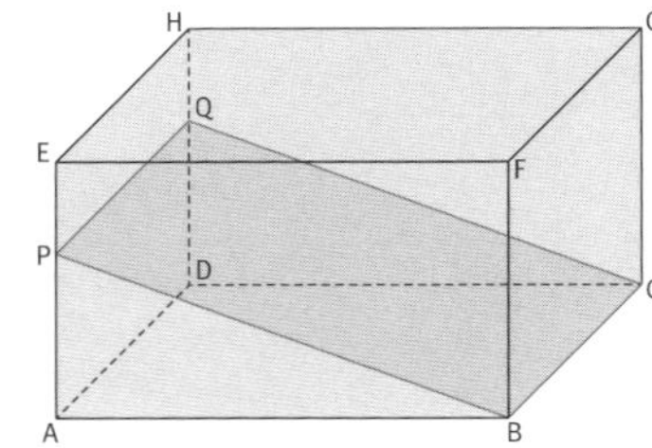

a) Markiere in der aufgeführten Liste alle Ebenen, die senkrecht auf E (QGH) stehen.

E (EPD)	E (BCP)	E (ADQ)	E (FCG)	E (ACD)
E (AFP)	E (HFG)	E (DCG)	E (ABG)	E (ADF)

b) Ordne den Ebenen E_1 jeweils echt parallele Ebenen E_2 zu.

E_1 (BCG) E_1 (CGQ) E_1 (BCD)

E_2 (PFE) E_2 (AQE) E_2 (EFH) E_2 (EPD) E_2 (ABG) E_2 (FHE)

c) Gib jeweils die Schnittmenge der Ebenen E_1 und E_2 an.

1 E_1 (ABD) ∩ E_2 (ADQ) = *AD*
2 E_1 (EBF) ∩ E_2 (BCD) = *AB*
3 E_1 (BCQ) ∩ E_2 (PFE) = *PB*
4 E_1 (EFH) ∩ E_2 (ACD) = $\emptyset$
5 E_1 (AFE) ∩ E_2 (PBF) = *E (AFE)*
6 E_1 (BCQ) ∩ E_2 (ADH) = *PQ*
7 E_1 (ABC) ∩ E_2 (BQP) = *BC*
8 E_1 (ADQ) ∩ E_2 (HEP) = *E (ADQ)*
9 E_1 (ABF) ∩ E_2 (QGH) = $\emptyset$
10 E_1 (AHP) ∩ E_2 (FCG) = $\emptyset$

2 Im Bild ist eine gerade Pyramide ABCDS mit quadratischer Grundfläche ABCD dargestellt. Die Punkte E, F, G und H sind die Mittelpunkte der Grundseitenkanten [AB], [BC], [CD] und [DA].

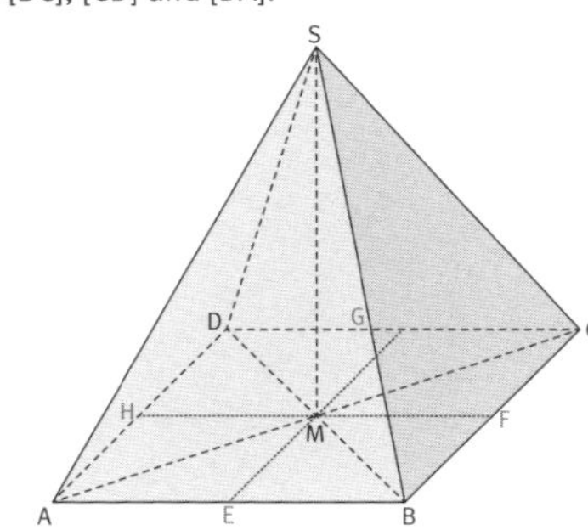

a) Wie viele unterschiedliche Ebenen mit der Büschelgerade MS gibt es?

unendlich viele

b) Wie viele unterschiedliche (also nicht identische) Ebenen mit der Büschelgerade MS kann man mithilfe der eingezeichneten Punkte angeben?

4

c) Zähle die in Teilaufgabe b) gefundenen Ebenen ohne Verwendung des Punktes M auf.

E (HFS); E (ACS); E (EGS); E (BDS)

d) Gib ohne Verwendung des Punktes M eine Büschelebene E zur Büschelgerade MS mit folgender Bedingung an:

1 E ⊥ E_1 (HFS): *E (EGS)* 2 E ⊥ E_2 (ACS): *E (BDS)*

e) Füge die passenden Zeichen (⊥ oder ⊥̸) so ein, dass wahre Aussagen entstehen.

1 E_1 (BDS) ⊥ E_2 (ABC) 2 E_1 (BDS) ⊥̸ E_2 (HFS) 3 E_1 (BDS) ⊥ E_2 (ACS)

1 Gegeben ist ein gerades Dreiecksprisma ABCDEF.
Kreuze zunächst alle windschiefen Geradenpaare an. Untersuche dann, welche der verbleibenden Geradenpaare senkrecht oder parallel sind, und füge die entsprechenden Zeichen (⊥ bzw. ||) ein.

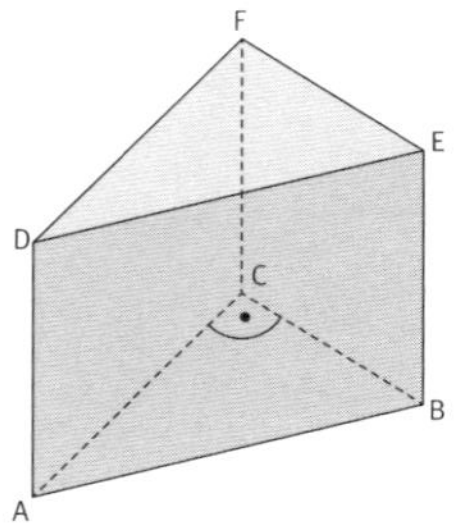

⊗ AB ___ EF	⊗ BC ___ AD	○ AB ___ CB	○ FD _⊥_ EF
○ AB ___ AC	○ FC _||_ AD	⊗ AC ___ ED	⊗ DF ___ EB
○ EB _||_ CF	○ AC _⊥_ BC	○ DF _||_ CA	○ FC _⊥_ CB
○ CF _⊥_ EF	○ DE ___ EF	⊗ CB ___ DF	○ FE _||_ CB

2 Die Grundfläche des geraden Prismas ABCDEFGH ist das Trapez ABCD. Verwende im Folgenden nur Geraden, die durch Prismenkanten festgelegt sind.

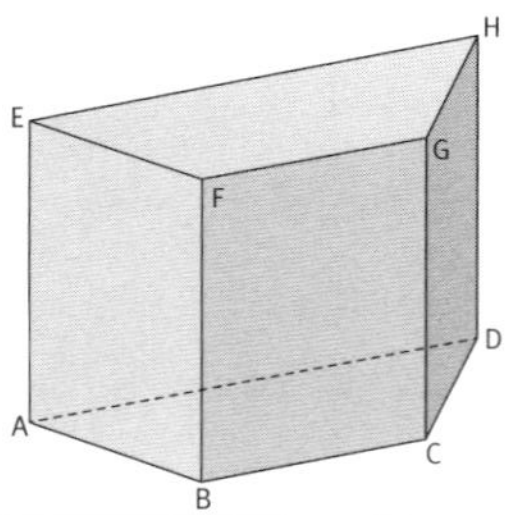

a) Gib alle Geraden an, die auf E (FGH) senkrecht stehen.

AE, BF, CG und DH

b) Welche Geraden schneiden E (ABF) in genau einem Punkt?

EH, FG, AD, BC, GH und CD

c) Notiere alle Geraden, die zu E (BGF) parallel verlaufen.

AD, EH, AE und DH

d) Bestimme jeweils die Schnittmenge.

∩	E (BCG)	E (ABE)	E (CDH)
E (FGH)	*FG*	*EF*	*GH*
E (ADE)	*∅*	*AE*	*DH*
BC	*BC*	*{B}*	*{C}*

∩	CG	GF	E (ABE)
E (AFE)	*∅*	*{F}*	*E (ABE)*
E (BCF)	*CG*	*GF*	*BF*
FC	*{C}*	*{F}*	*{F}*

Hinweis: E (ABE) = E (ABF) = E (BFE) = E (AEF)

3 In einer Werkstatt befindet sich für die Monteure ein Duschraum. Ergänze die Sätze.

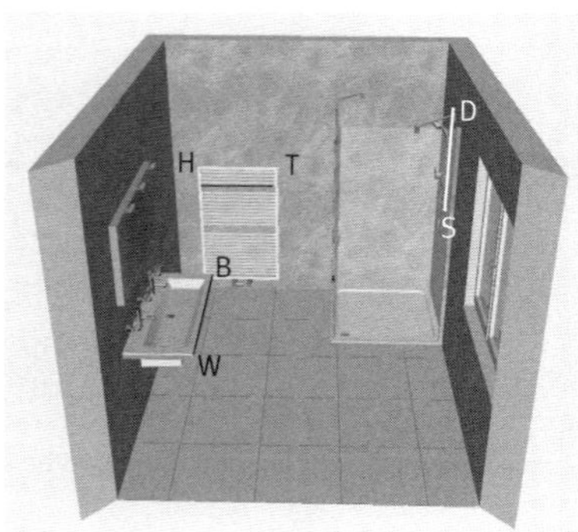

1 Die Vorderkante WB des Waschbeckens verläuft *windschief* zur Duschstange DS.

2 Die Spiegelebene ist *parallel* zur Fensterebene.

3 Die Heizstangen HT des Handtuchtrockners verlaufen *senkrecht* zur Spiegelebene.

4 Die Vorderkante WB des Waschbeckens verläuft *parallel* zur Fensterebene.

1 Die Pyramide ABCDS hat eine quadratische Grundfläche. Die Spitze S liegt senkrecht über dem Diagonalenschnittpunkt M.

a) Zeichne alle Neigungswinkel der Seitenkanten zur Grundfläche ein.

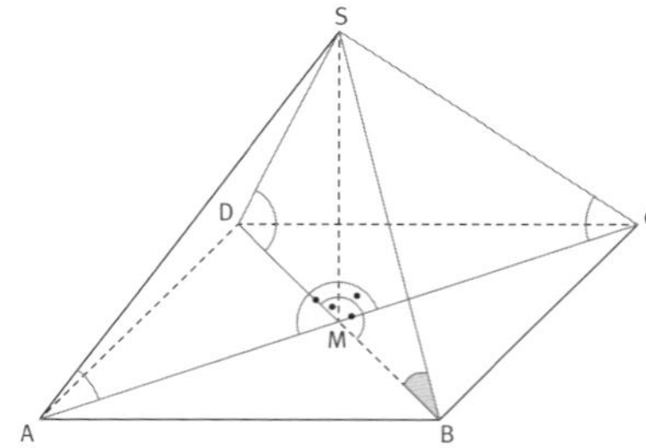

b) Zeichne alle Neigungswinkel der Seitenflächen zur Grundfläche ein.

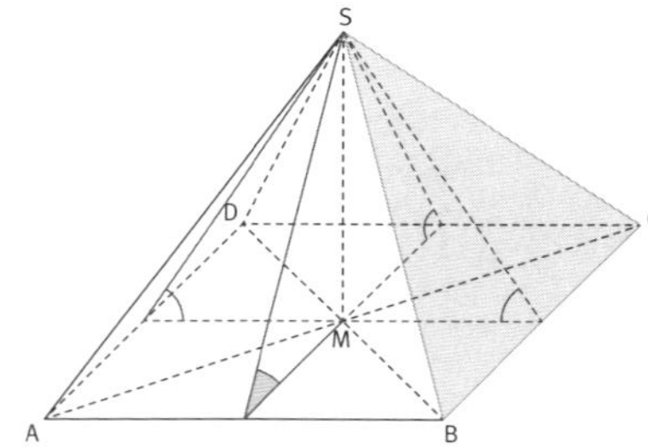

2 Zeichne jeweils den Winkel ein, den die gefärbte Fläche mit der Grundfläche des Körpers einschließt.

a)

$\overline{PR} = \overline{RQ}$

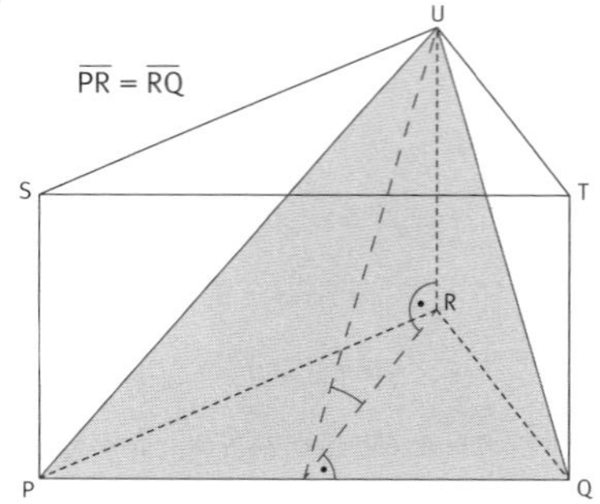

b)

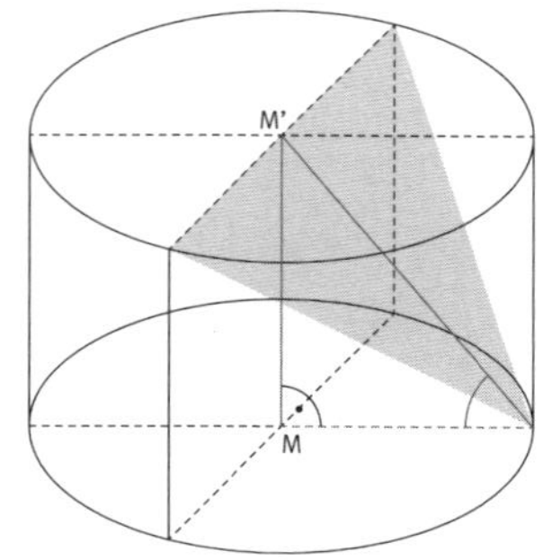

3 Im Oktaeder ABCDEF ist das Viereck ABCD ein Quadrat. Außerdem gilt: $\overline{AM} = \overline{EM} = \overline{FM}$.

a) In der folgenden Tabelle sind jeweils zwei Punktmengen gegeben, die einen Winkel einschließen. Zeichne diese Winkel im Oktaeder ein.

	1. Punktmenge	2. Punktmenge	Winkelmaß
1	ΔBFC	E (BCD)	α
2	ΔABE	ΔFBA	β
3	[EC]	□ABCD	γ
4	[EC]	[CB]	δ

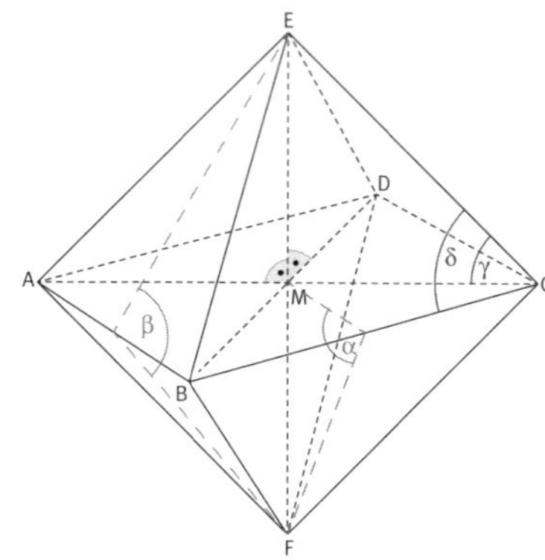

b) Gib die Maße γ und δ an.

γ = *45°* δ = *60°*

1 Vervollständige die Schrägbilder der Quader.
a) b) c)

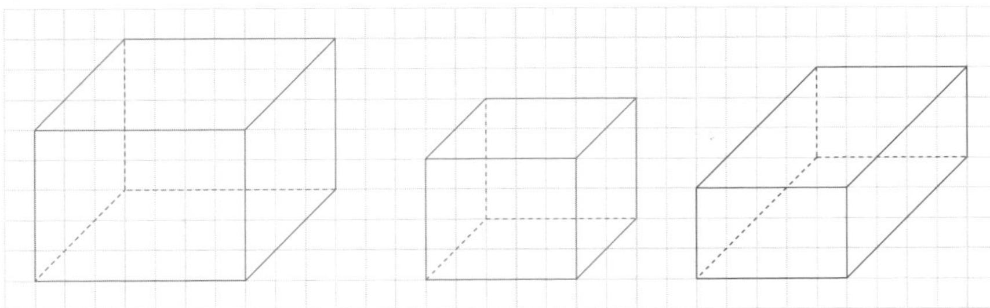

2 Zeichne ein Schrägbild folgender Körper mit dem Verkürzungsfaktor q = 0,5 und dem Verzerrungswinkel ω = 45°.
a) Würfel mit a = 4 cm **b)** Quader mit l = 7 cm, b = 3 cm, h = 2 cm

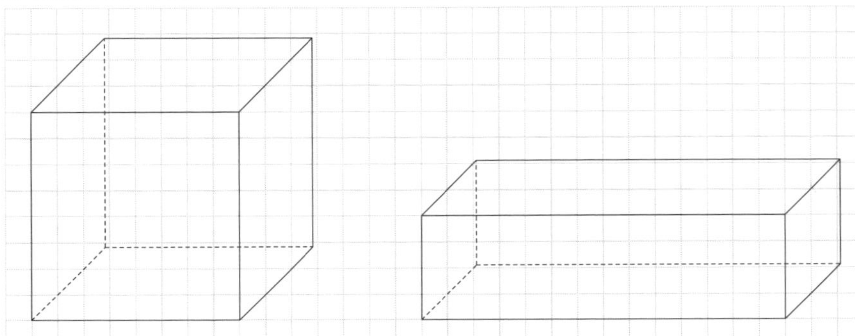

3 Zeichne das Schrägbild einer geraden Pyramide ABCDS mit quadratischer Grundfläche ABCD und der Höhe h. Die Seitenlänge der Grundfläche ist s. Beginne mit der Grundfläche und ergänze dann die Höhe sowie die weiteren Kanten. (q = 0,5 und ω = 45°)
a) s = 3 cm; h = 3 cm **b)** s = 4 cm; h = 3 cm

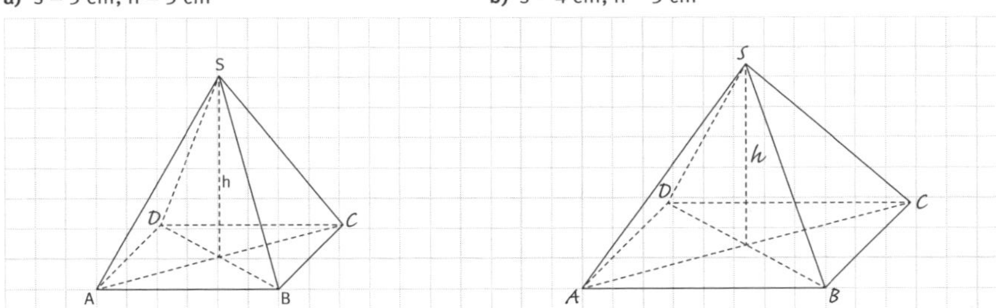

1 Dargestellt sind Grundflächen ABCD von Würfeln im Schrägbild. Ermittle jeweils durch Messung der gezeichneten Längen von [AB] und [BC] den Verkürzungsfaktor q und miss den Verzerrungswinkel ω.

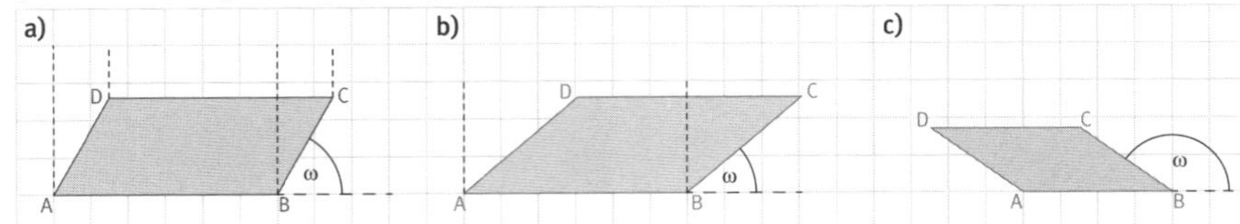

a) $\overline{AB}$: 3 cm $\overline{BC}$: 1,5 cm q = 0,5 ω = 60°

b) $\overline{AB}$: 3 cm $\overline{BC}$: 2 cm q = $\frac{2}{3}$ ω = 40°

c) $\overline{AB}$: 2 cm $\overline{BC}$: 1,5 cm q = 0,75 ω = 145°

2 Ergänze zum Schrägbild eines Prismas. Die Grundflächen des Prismas sind farbig dargestellt. Beachte, dass die Prismen auch „liegend“ oder „gedreht“ dargestellt sein können.

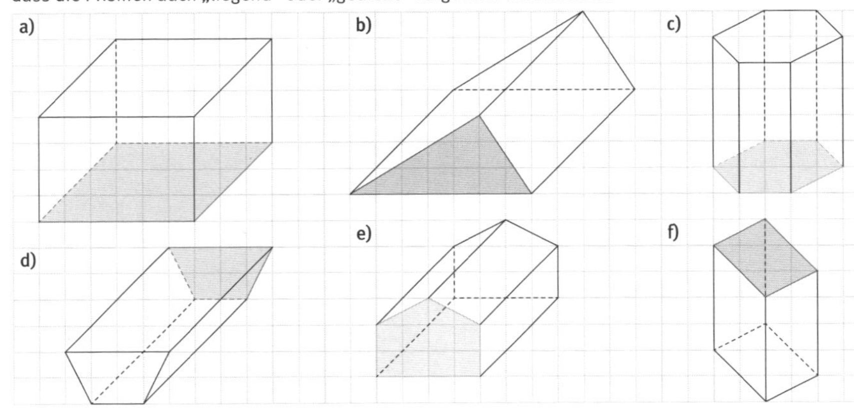

3 Vervollständige zum Schrägbild eines Zylinders mit Radius r = 2 cm und Höhe h = 3 cm. Der Zylinder …
a) steht auf der Grundfläche. Drehe dazu die in der Grundfläche eingezeichneten Strecken wie im Beispiel um 45° und verkürze sie auf die Hälfte. Deren Endpunkte ergeben dann den Kreis im Schrägbild.
b) liegt auf der Seitenfläche.

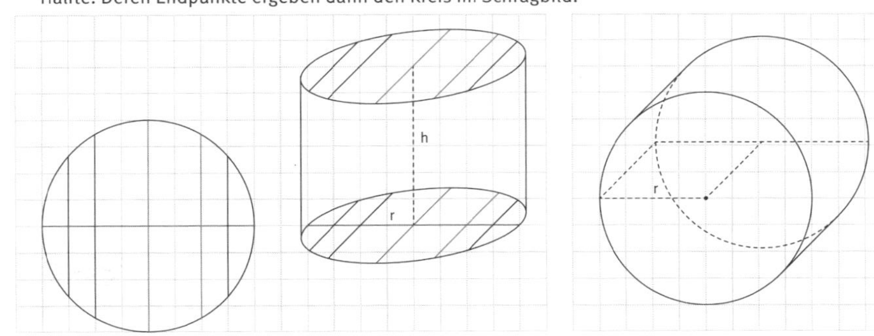

1 Die Pyramide ABCDS hat eine rechteckige Grundfläche mit $\overline{AB} = 4$ cm und $\overline{BC} = 3$ cm.
Die Spitze S liegt senkrecht über dem Diagonalenschnittpunkt M. Es gilt: $\overline{MS} = 3{,}5$ cm.

a) Trage die bekannten Maße in das Schrägbild ein.

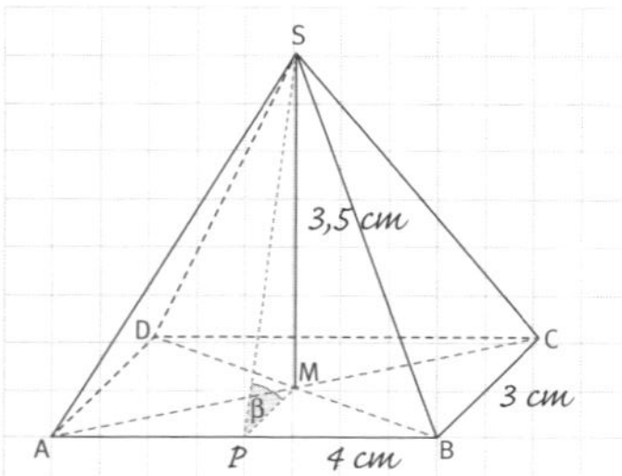

b) Ermittle durch Zeichnen der Grundfläche ABCD die Diagonalenlängen sowie die Länge der Strecke [AM].

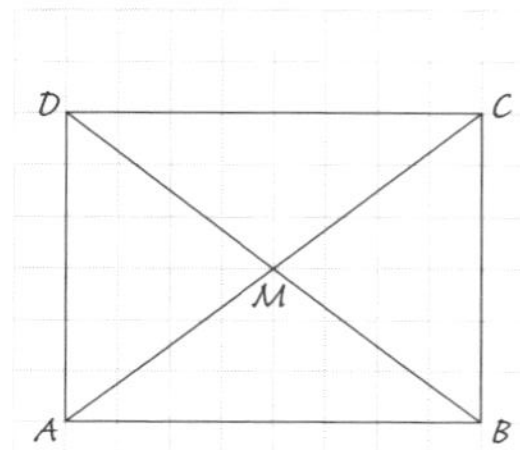

$\overline{AC}$ = *5 cm*

$\overline{BD}$ = *5 cm*

$\overline{AM}$ = *2,5 cm*

c) Zeichne ΔAMS in wahrer Größe und ermittle daraus die Länge der Seitenkante [AS] (auf mm genau) und das Maß α des Neigungswinkels (auf ganze Grad gerundet) dieser Seitenkante zur Grundfläche ABCD.

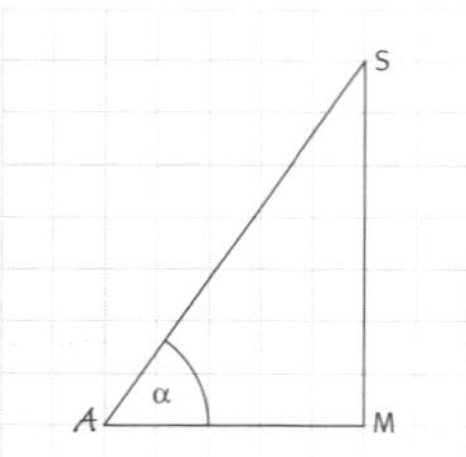

$\overline{AS}$ = *4,3 cm*

α = *54°*

d) Ergänze im Schrägbild das Stützdreieck der Seitenfläche ΔABS. Zeichne das Stützdreieck dann in wahrer Größe und ermittle daraus das Maß β des Neigungswinkels der Seitenfläche ABS zur Grundfläche und die Länge der Dreieckshöhe $h_{[AB]}$ im ΔABS.

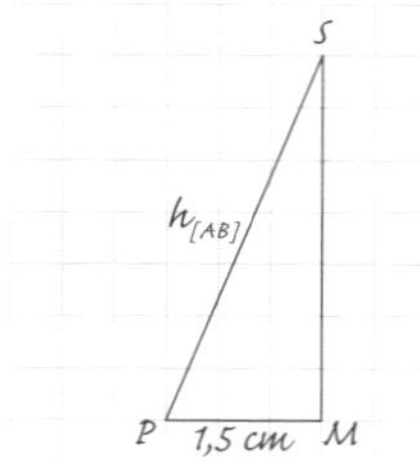

β = *67°*

$h_{[AB]}$ = *3,8 cm*

2 Beide dargestellten Glasgefäße sind 2 cm hoch (violette Strecke). Alle grünen Linien der Grundflächen sind 3 cm lang. In jedes Gefäß soll ein Holzstäbchen gelegt werden, ohne dass es über den Rand hinausragt. Finde mit geeigneten Zeichnungen heraus, wie lang das Stäbchen jeweils maximal sein kann.

a)

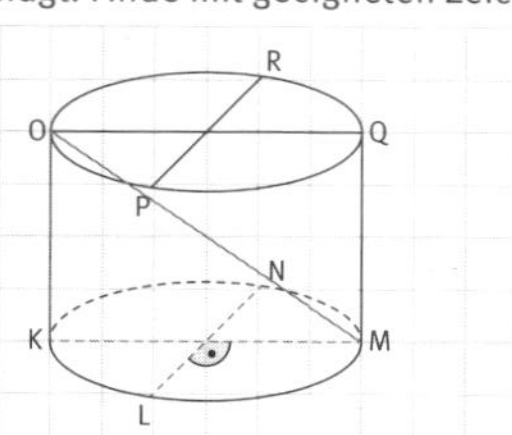

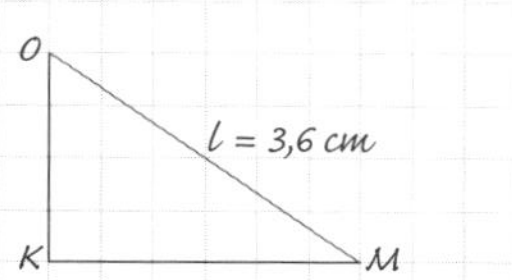

b)

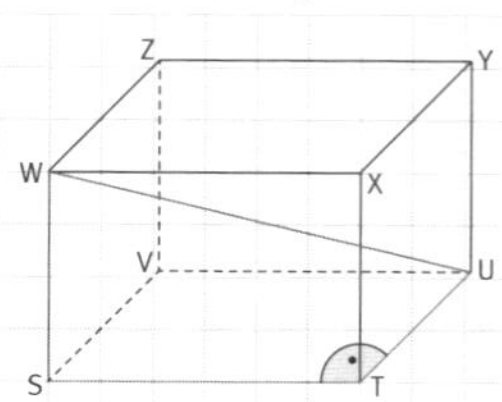

1. Zeichnung zu b)

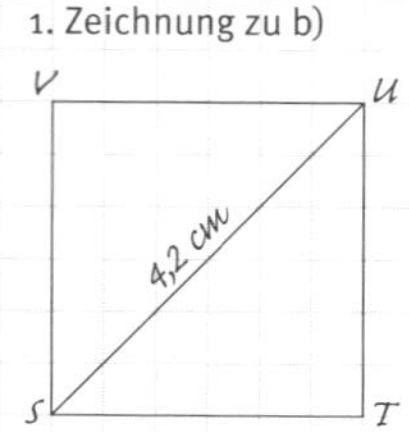

2. Zeichnung zu b)

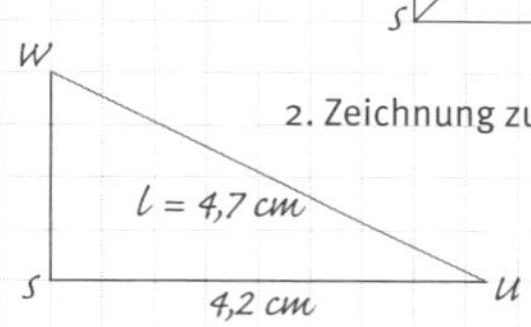